BestMasters

Mit „BestMasters" zeichnet Springer die besten Masterarbeiten aus, die an renommierten Hochschulen in Deutschland, Österreich und der Schweiz entstanden sind. Die mit Höchstnote ausgezeichneten Arbeiten wurden durch Gutachter zur Veröffentlichung empfohlen und behandeln aktuelle Themen aus unterschiedlichen Fachgebieten der Naturwissenschaften, Psychologie, Technik und Wirtschaftswissenschaften.

Die Reihe wendet sich an Praktiker und Wissenschaftler gleichermaßen und soll insbesondere auch Nachwuchswissenschaftlern Orientierung geben.

Lena Rakers

Synthese und Anwendung von Biomolekül-basierten NHCs und bidentaten NHCs

Neuartige Ligandensysteme zur Katalyse, biochemischen Anwendung und Nanopartikelstabilisierung

Mit einem Geleitwort von Prof. Dr. Frank Glorius

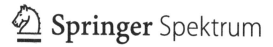 Springer Spektrum

Lena Rakers
Westfälische Wilhelms-Universität Münster
Deutschland

BestMasters
ISBN 978-3-658-12579-0   ISBN 978-3-658-12580-6 (eBook)
DOI 10.1007/978-3-658-12580-6

Die Deutsche Nationalbibliothek verzeichnet diese Publikation in der Deutschen Nationalbi-
bliografie; detaillierte bibliografische Daten sind im Internet über http://dnb.d-nb.de abrufbar.

Springer Spektrum

Gedruckt auf säurefreiem und chlorfrei gebleichtem Papier

Springer Fachmedien Wiesbaden GmbH ist Teil der Fachverlagsgruppe
Springer Science+Business Media (www.springer.com)

Geleitwort

Frau Lena Rakers hat ihre Masterarbeit zum Thema „Synthese und Anwendung von Biomolekül-basierten NHCs und bidentaten NHCs" erfolgreich in meiner Arbeitsgruppe durchgeführt. Hierbei hat sie im Wesentlichen verschiedene Strategien zur Synthese von Cholesterin-abgeleiteten NHC-Derivaten untersucht und einige erfolgreich hergestellt und bereits angewendet.

Frau Rakers führt in ihrer vorliegenden Masterarbeit zunächst in die Bereiche der N-heterocyclischen Carbene (NHCs) ein, insbesondere in deren Charakteristika, Designelemente (Rückgrat, Heterozyklus, N-Substituenten) und Synthese. Zudem erläutert sie den Aufbau von Membranen, mit denen die in dieser Arbeit hergestellten NHCs wechselwirken sollen.

In Zusammenarbeit mit dem AK Galla wurden in den letzten Monaten NHCs mit langen Alkylketten im Rückgrat auf ihren Effekt auf Membranen untersucht. Erste spannende Ergebnisse konnten publiziert werden. Frau Rakers wollte nun durch Kombination von Membran-gängigen Biomolekülen und dem NHC-Motiv NHC-Derivate erhalten, die sich in Membranen einlagern und zum einen die Membraneigenschaften interessant verändern (z. B. versteifen oder fluider machen) und zum anderen als adressierbare Einheit spannende Funktionen in oder an die Membran holen kann (z. B. Cytotoxizität, Photoaktivität oder katalytische Aktivität). Als Hauptmotiv hat Frau Rakers dabei das Cholestangrundgerüst gewählt, dessen Einlagerung in Membranen wohlbekannt und ubiquitär ist. Zahlreiche Biomolekül-basierte NHCs sollten hergestellt werden, die sich im Wesentlichen durch die Art der Anknüpfung des Cholestanringsystems am NHC (am Rückgrat oder am Ring-N) und durch die weiteren Substitutenten am Ring-N (Alkyl oder Aryl) unterscheiden. Aufgrund der besonderen Löslichkeitseigenschaften dieses großen Ringsystems und der generellen strukturellen Komplexität gestaltete sich die Arbeit nicht einfach. Nach Lösung zahlreicher Probleme konnte Frau Rakers allerdings eine überzeugende Serie von entsprechenden Imidazoliumsalzen (NHC-Vorläufer) herstellen: **43a,b** und **57b,c,d,e**. Erste Filmwaageuntersuchungen zweier dieser Systeme zeigen schön den erhofften Einlagerungseffekt in Membranen. Dies ist eine vielversprechende Grundlage für weitere Untersuchungen in der Doktorarbeit.

In einem weiteren, davon unabhängigen Themenkomplex beschäftigte sich Frau
Rakers noch zusammen mit Andreas Rühling und Mitarbeitern des AK Ravoo mit
dem Design, der Synthese und Untersuchung von bidentaten Thioether-NHC-
Systemen - einer noch vollkommen unbekannten Klasse von Oberflächenstabilisa-
toren. Zahlreiche Vertreter dieser Ligandenklasse konnten hergestellt werden (Abbildung 48). Die modulare Synthese erlaubt dabei einen raschen Zugang. In Zusammenarbeit mit dem AK Ravoo konnte das Bindungsverhalten dieser neuen Liganden an Nanopartikel untersucht und auch das gleichzeitige Binden von NHC- und
Thioethereinheit demonstriert werden. Schließlich gelang auch die katalytische
Anwendung in der Hydrierung von C=C-Doppelbindungen.

Die vorliegende Arbeit überzeugt rundherum, Exteil und Arbeit sind sorgfältig ver-
fasst. Frau Rakers hat zahlreiche publizierbare Ergebnisse in zwei verschiedenen,
interdisziplinären Projektlinien generiert (NHC-Derivate für Membraninteraktionen
(in Zusammenarbeit mit Prof. Galla) und für Nanopartikelstabilisierung/aktivierung
(in Zusammenarbeit mit Prof. Ravoo)). Es handelt sich um eine wirklich gelungene
Masterarbeit.

Prof. Dr. Frank Glorius
Organisch-Chemisches Institut
Westfälische Wilhelms-Universität Münster

Für meine Familie

Inhaltsverzeichnis

Lesehinweis für die Printversion:

Die ursprünglich farbig angelegten Abbildungen 6, 25, 27, 43 und 44 stehen auf der Produktseite zu diesem Buch unter www.springer.com zur Verfügung.

1 Einleitung

1.1 N-heterozyklische Carbene und deren Anwendung

1.1.1 N-heterozyklische Carbene

Als Carbene werden neutrale Verbindungen bezeichnet, welche einen divalenten Kohlenstoff mit sechs Valenzelektronen besitzen.[1] Die freien Elektronen können dabei in zwei verschiedenen Orbitalen mit gleichem Spin vorliegen (Triplett-Carbene) oder im gleichen Orbital mit verschiedenem Spin vorkommen (Singulett-Carbene).[1c] Aufgrund des elektronenarmen Zustandes sind Carbene sehr reaktiv und teilweise sehr instabil.

Eine stabile, sehr bekannte Untergruppe der Carbene wird durch die N-heterozyklischen Carbene (NHCs) dargestellt. Bereits 1962 zeigte WANZLICK die erste Synthese eines solchen NHCs.[2] Er betrachtete sowohl Reaktivitäten als auch Stabilitäten dieser Verbindungsklasse, wobei ihm jedoch nur die Isolierung des Carbendimers gelang (*Wanzlick-Gleichgewicht*).[2]

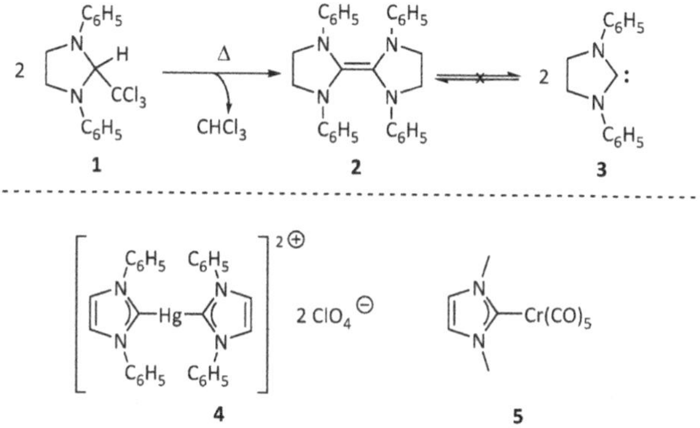

Abbildung 1: *Wanzlick-Gleichgewicht* und Darstellung der ersten NHC-Metallkomplexe.[2-3]

1968 veröffentlichte er den Einsatz von NHCs als Liganden für einen Quecksilberkomplex (**4**).[3a] Im gleichen Jahr zeigte auch ÖFELE die Nutzung eines NHCs als Liganden für einen Chromkomplex (**5**) (Abbildung 1).[3b] Erst 23 Jahre später gelang es ARDUENGO et al. das stabile NHC **7** zu isolieren und zu charakterisieren (Schema 1).[4]

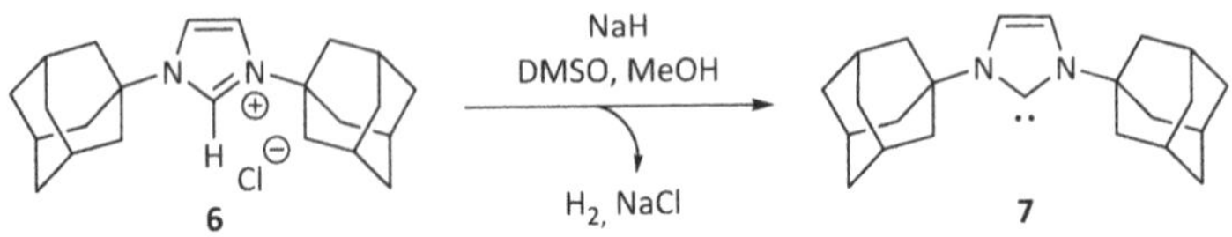

Schema 1: Synthese des ersten isolierbaren Carbens.[4]

NHCs können als Carbene definiert werden, welche ein oder mehrere Stickstoffatome im Ring tragen, wobei die meisten Verbindungen zwei Stickstoffatome in
direkter Nachbarschaft zum Carbenkohlenstoff tragen.

Die freien Elektronen des Carbens befinden sich gepaart im sp^2-Orbital, so dass das
nicht hybridisierte p-Orbital unbesetzt bleibt. Aufgrund dieser Beschaffenheit zählen NHCs zu den Singulettcarbenen.[1a] Anders als herkömmliche Carbene sind
NHCs elektronenreiche Verbindungen, was sich anhand der mesomeren Grenzstrukturen erkennen lässt (Abbildung 2). Durch den partiellen Doppelbindungscha-
rakter besitzen NHCs eine gesteigerte Nucleophilie am zentralen Kohlenstoffatom.

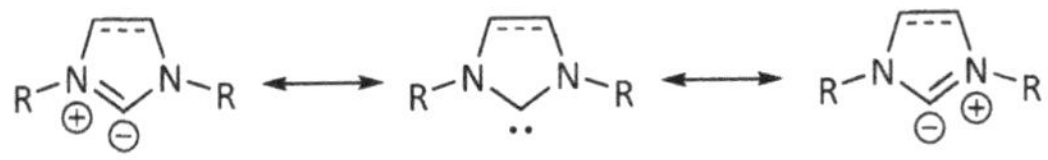

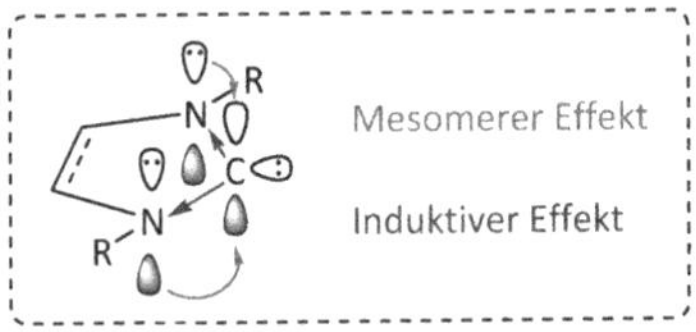

Abbildung 2: Mesomere Grenzstruktur eines NHCs und zu Grunde liegende elektronische Effekte.

Die relative Stabilität der NHCs lässt sich zum einen an der sterischen Abschirmung
durch sterisch-anspruchsvolle Gruppe (wie beispielsweise Adamantyl (7)), wodurch
die Dimerisierung verhindert wird, sowie durch elektronische Effekte beschreiben
(Abbildung 2). Durch die benachbarten Stickstoffatome wird der Carbenkohlenstoff durch sowohl mesomere als auch induktive Effekte stabilisiert. Der induktive
Effekt bewirkt eine Verringerung von σ-Elektronendichte, wodurch das sp^2-Orbital
energetisch abgesenkt wird.[1a] Der mesomere Effekt bewirkt eine Elektronendich-
teverschiebung in das leere p-Orbital, was dem Elektronenmangel entgegen
wirkt.[1a]

Einige Beispiele bekannter NHC-Strukturmotive finden sich in Abbildung 3.

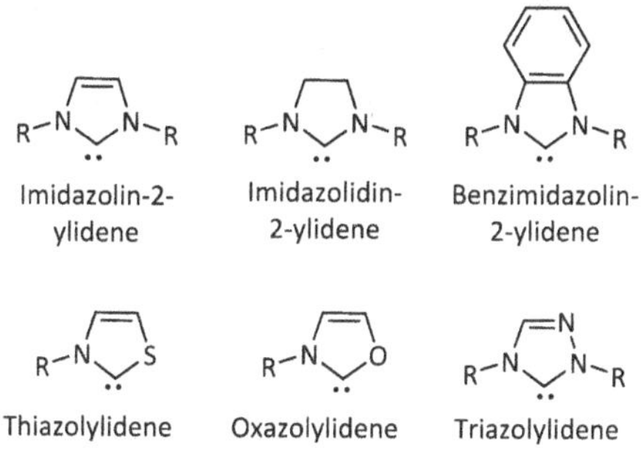

Imidazolin-2-
ylidene

Imidazolidin-
2-ylidene

Benzimidazolin-
2-ylidene

Thiazolylidene

Oxazolylidene

Triazolylidene

Abbildung 3: Abbildung bekannter NHC-Strukturmotive.

Die NHCs können sich dabei sowohl in der Anzahl bzw. Art der Heteroatome als auch in der Beschaffenheit der Ringstruktur unterscheiden. Auch das Rückgrat kann, wie im Beispiel der Benzimidazolin-2-ylidene, modifiziert sein. Die Reste können aromatisch oder auch alkylisch sein. Des Weiteren lassen sich auch un-symmetrische NHCs realisieren, wobei die Reste durch zwei verschiedene Substi-tuenten dargestellt werden können.

Zur Quantifizierung der elektronischen und sterischen Eigenschaften von NHCs werden zwei Parameter verwendet. Zur Beschreibung der elektronischen Natur wurde das zuvor für Phosphine angewendete Prinzip des *Tolman's electronic pa-rameter* (TEP) auf NHCs übertragen.[5] Hierbei wird der Ligandeneinfluss in einem Komplex der Form [Ni(CO)$_3$L] auf die Streckschwingung der Carbonylliganden mit-tels IR-Spektroskopie überprüft. Je größer die Elektronendonorfähigkeit des Ligan-den, desto mehr verschiebt sich die Streckfrequenz des Carbonyls zu niedrigeren Wellenzahlen.[5b] Aufgrund der hohen Toxizität der Nickelcarbonylkomplexe wurde ein weiteres Verfahren zur Analyse der elektronischen Beschaffenheit entwickelt. HUYNH *et al.* fanden heraus, dass die Verschiebung des Carbenkohlenstoffs im ^{13}C-NMR abhängig von der Lewis-Acidität des Metalls ist.[6] Da diese im direkten Zu-sammenhang mit der Donorfähigkeit des Liganden steht, lässt sich daraus die σ-Donorstärke des Liganden ableiten. Der Komplex der Form trans-[PdBr$_2$(^{i}Pr$_2$-bimy)L] (^{i}Pr$_2$-bimy = 1,3-diisopropylbenzimidazolin-2-yliden) wird hierfür verwen-det. Je tieffeldverschobener das Carbensignal des Liganden ^{i}Pr$_2$-bimy, desto höher ist die σ-Donorstärke des variablen Liganden L und somit umso elektronenreicher ist dieser.

Für den sterischen Anspruch konnte nicht das für die Phosphine verwendetet Prinzip des *Tolman's cone angle* verwendet werden,[5a] da NHCs andere Geometrien als Phosphine aufweisen (Substituenten zeigen zum Metall, statt von diesem weg), so dass von NOLAN und CAVOLLA das Konzept des *buried Volume* (%V_{bur}) entwickelt wurde (Abbildung 4).[7]

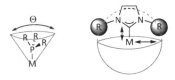

Abbildung 4: Vergleich des sterischen Anspruchs von Phosphinen und NHCs.

Das %V_{bur} beschreibt den vom Liganden eingenommenen prozentualen Anteil einer Kugel, die um das Metall gelegt wird, wobei sich das Metall im Zentrum der Kugel befindet. Der Kugelradius wird dabei meist als 3 Å gesetzt und der Abstand zwischen Metall und Ligand muss angegeben werden, um die %V_{bur}-Werte vergleichbar machen zu können. Je größer der besetzte Anteil, desto sterischanspruchsvoller ist der Ligand.[7b]

All die obengenannten Eigenschaften führen zu einer bemerkenswerten Fülle an Anwendungsmöglichkeiten. Besonders als σ-Donar-Liganden in der Übergangsmetallkatalyse[8] aber auch als Organokatalysatoren[9] haben sich NHCs etabliert. Des Weiteren gewinnt die Stabilisierung von Nanopartikeln oder die Funktionalisierung von Oberflächen durch NHCs immer mehr an Bedeutung.[1a]

NHC-stabilisierte Palladiumkomplexe eignen sich beispielsweise für Oxidationsreaktionen und Kreuzkupplungen.[10] Aber auch Ruthenium-NHC-Komplexe haben sich in vielen Katalysen etabliert. Dabei werden diese sowohl für Metathesereaktionen als auch für asymmetrische Hydrierungen eingesetzt.[11]

In der Organokatalyse eingesetzte NHCs werden vorwiegend für Umpolungsreaktionen genutzt.[9] Die häufigsten verwendeten NHCs hierfür sind Thiazole und Triazole. Der Einsatz chiraler NHCs kann dabei zur Enantioinduktion führen, um Produkte mit hohen Enantiomerenüberschüssen zu generieren. Ein sehr wichtiges Intermediat der Organokatalyse ist das Breslow-Intermediat, welches bei der Reaktion des Organokatalysators mit einer Carbonylspezies entsteht (Abbildung 5). Auch in der Natur wird ein NHC als Organokatalysator verwendet. Das Coenzym Thiamin unterstützt Transketolasen bei nukleophilen Acylierungen.[9]

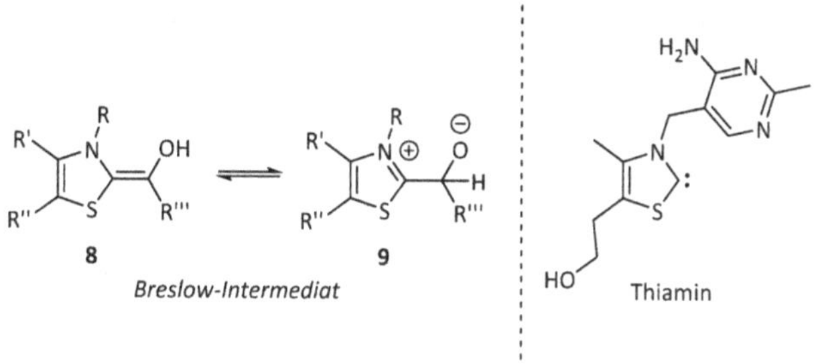

8
Breslow-Intermediat

9

HO
Thiamin

Abbildung 5: Darstellung der mesomeren Grenzstrukturen des Breslow-Intermediats (links) und Struktur des Thiamins (rechts).

1.1.2 Synthese von Imidazoliumsalzen und freier Carbenen

Wie bereits in Kapitel 1.1.1 erwähnt, gibt es eine Vielzahl möglicher NHCs. Dabei gibt es mehrere Positionen innerhalb der Struktur, welche variiert werden können, um so das perfekte NHC für die geforderte Anwendung zu erhalten (Abbildung 6).

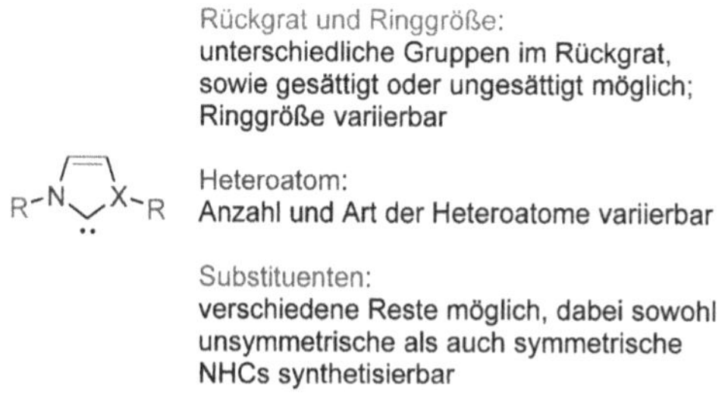

Rückgrat und Ringgröße:
unterschiedliche Gruppen im Rückgrat, sowie gesättigt oder ungesättigt möglich; Ringgröße variierbar

Heteroatom:
Anzahl und Art der Heteroatome variierbar

Substituenten:
verschiedene Reste möglich, dabei sowohl unsymmetrische als auch symmetrische NHCs synthetisierbar

Abbildung 6: Variationsmöglichkeiten der NHC-Struktur.

Zum einen lässt sich das Rückgrat eines NHCs variieren. Dabei kann der Ring sowohl gesättigt als auch ungesättigt sein, was einen Effekt auf die Stabilität des NHCs haben kann.[1a] Auch verschiedene Gruppen können sich im Rückgrat des NHCs befinden. Wie in Kapitel 1.1.1 in Abbildung 3 bereits gezeigt, gehören beispielsweise Benzimidazolidin-2-ylidene zu diesen Rückgrat-modifizierten NHCs. Die Ringgröße ist ebenfalls variierbar. Fünfringe gehören zwar zu den gängigsten, aber auch NHCs mit einer Ringgröße von bis zu acht Atomen sind bekannt. Eine weitere Position zur Variation der NHC-Struktur ist die Anzahl der Heteroatome bzw. deren Art. Andere Heteroatome wie beispielsweise Sauerstoff oder Schwefel können ein Stickstoffatom ersetzen und somit neue Klassen von NHCs darstellen. Aber auch mehr als zwei Stickstoffatome (Triazole) oder sogar nur ein Stickstoffatom (*cyclic alkyl amino carbene* (CAAC)) sind möglich. Eine weitere Möglichkeit zur Modifikation stellen die Substituenten R am Heteroatom dar. Dabei können sowohl aromatische als auch alkylische Gruppen gewählt werden. Auch der Gebrauch zweier verschiedener R ist möglich.

Aufgrund der großen Fülle an Möglichkeiten zur Modifizierung der NHCs, fokussieren sich die nachfolgenden Beschreibungen auf die Synthese von Imidazolin-2-ylideniumsalzen.

Eine Möglichkeit ist die Alkylierung bzw. Arylierung bereits bestehender Imidazole (Schema 2). Es kann dabei zwischen symmetrischer und unsymmetrischer Synthese unterschieden werden.

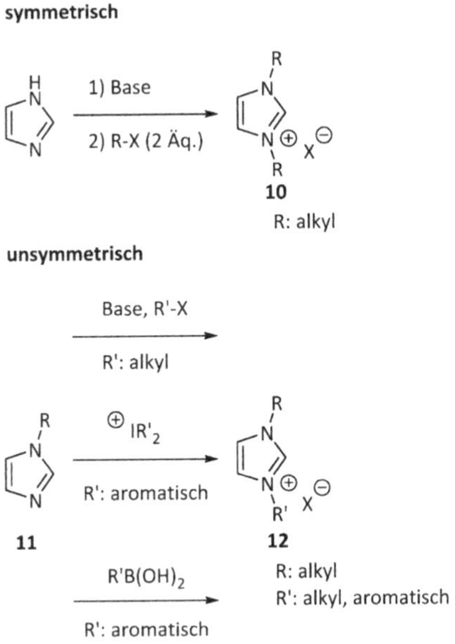

symmetrisch

unsymmetrisch

Schema 2: Synthese von Imidazoliumsalzen ausgehend von Imidazol und dessen Derivate.

Im Fall der Alkylierung erfolgt eine nukleophile Substitution am Stickstoffatom.[1b] Dabei kann entweder die Alkylierung von Imidazol zur Synthese des symmetrischen Imidazoliumsalzes erfolgen oder ein bereits einfach substituiertes Imidazol alkyliert werden. Für die Alkylierungen werden meist die Alkylhalogenide eingesetzt, wobei auch andere Abgangsgruppen denkbar sind. Die einfach substituierten Imidazole **11** können dabei sowohl kommerziell erhältlich sein, als auch aus der einfachen Alkylierung des Imidazols gewonnen werden. Um zu den arylierten Imidazoliumsalzen zu gelangen entwickelten GAO und YOU *et al.* zwei verschiedene Methoden zur Synthese der unsymmetrischen Imidazoliumsalze. Die Arylierung konnte dabei zum einen durch Iodoniumsalze[12] oder zum anderen durch Boronsäuren[13] erfolgen.

Weitere Synthesemöglichkeiten bestehen in dem Aufbau des Imidazoliumkerns. Dabei lässt sich ebenfalls zwischen symmetrischen und unsymmetrischen Synthesen unterscheiden.

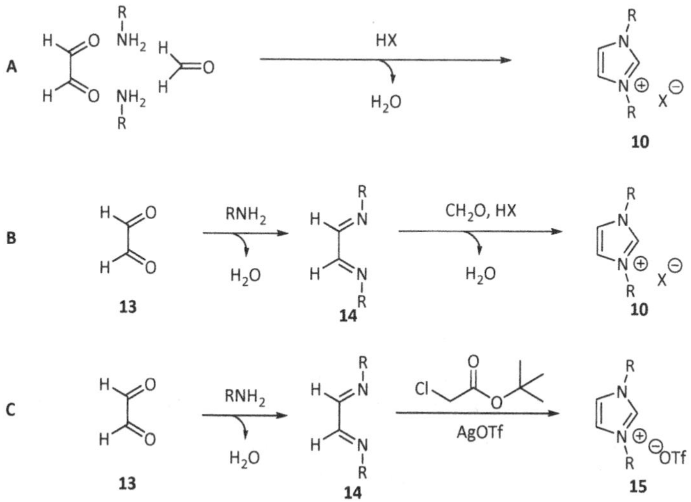

Schema 3: Synthese symmetrischer Imidazoliumsalze ausgehend von Glyoxal.

Im Fall der symmetrischen Synthese gibt es drei Möglichkeiten zum Aufbau des Imidazoliumkerns.

Bei der Multikomponentensynthese (**A**) werden primäre Amine zusammen mit Glyoxal und Formaldehyd sowie einer Brønsted-Säure zu den jeweiligen Imidazolium-salzen umgesetzt. Dieser Ansatz wird gewählt für reaktive Gruppen R, wobei R eine Alkylgruppe ist.[1b] Bevor die Zyklisierung mit Formaldehyd erfolgt, kann die Vorstufe **14** in Einzelfällen isoliert werden (**B**), wodurch beispielsweise sterisch-anspruchsvolle Reste R verwendet werden können (zum Beispiel Ferrocenyl oder 2,6-Diisopropylphenyl).[14] Voraussetzung für die Isolierung der Diimine sind beispielsweise aromatische Gruppen R, da für einige Alkylgruppen wie Methyl das Diimin instabil ist. Das Diimin lässt sich auch mit anderen Komponenten als

Formaldehyd zyklisieren (**C**). GLORIUS *et al.* veröffentlichten diese Syntheseroute erstmalig zur Synthese von Bisoxazolin-abgeleiteten Imidazoliumsalzen.[15] Als Reagenzien kamen Silbertriflat und Chlormethylpivalat zum Einsatz. Diese Methode wird vor allem dann eingesetzt, wenn andere, einfachere Zyklisierungsmethoden nicht zum Erfolg führen.

Für den Aufbau des Imidazoliumkerns für die unsymmetrischen Imidazoliumsalze kann ebenfalls eine Multikomponentensynthese eingesetzt werden. Anstelle der zwei Amine wird jedoch ein Äquivalent Amin zusammen mit einem Äquivalent Ammoniak bzw. Ammoniumsalz als Stickstoffquelle verwendet.[1b] Die Quarternisierung erfolgt durch anschließende Alkylierung bzw. Arylierung (Schema 4).

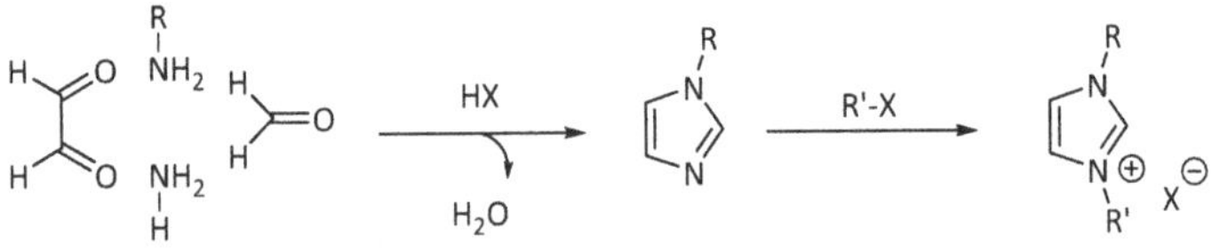

Schema 4: Multikomponentensynthese zur Synthese unsymmetrischer Imidazoliumsalze.

Die zuvor gezeigten Verbindungen gehen von Glyoxal als Baustein aus, wodurch keine Substituenten am Rückgrat der Imidazoliumsalze vorliegen. Alternativ lassen sich jedoch auch andere Diketone einsetzen, welche darauf mit den oben genannten Zyklisierungsmethoden das Imidazoliumsalz bilden können. Auch die Synthese ausgehend vom Imidazol kann mit Rückgrat-substituierten Verbindungen erfolgen. Zusätzlich sind viele einfachsubstituierte Imidazole kommerziell erhältlich, so dass diese direkt für den Einsatz der unsymmetrischen Synthese genutzt werden können.

Eine weitere Syntheseroute wurde von FÜRSTNER *et al.* entwickelt.[16] Ausgehend von einem Oxazoliumsalz konnte das Imidazoliumsalz gewonnen werden (Schema 5).

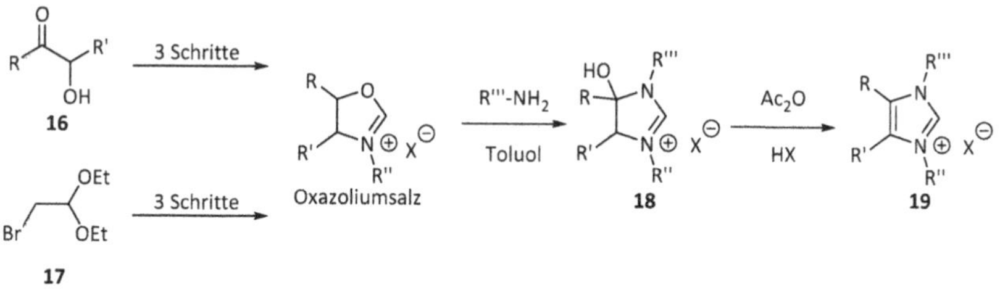

Schema 5: Synthese eines unsymmetrischen Imidazoliumsalzes nach FÜRSTNER et al.[16]

Durch Umsetzung des Oxazoliumsalzes mit einem primären Amin und anschlie-
ßender säurekatalysierter Wasserelimimierung können verschiedene mehrfach
substituierte Imidazoliumsalze hergestellt werden.

Ein Problem der dargestellten Syntheserouten ist die Verwendbarkeit für hauptsächlich alkylische Reste. Eine Alternative zur Synthese von Imidazoliumsalzen mit
aromatischen Substituenten am Stickstoffatom stellt die von GLORIUS et al. gefundene Zyklisierung von α-Brom- bzw. Chlorketonen mit sogenannten Formamidinen
dar.[17]

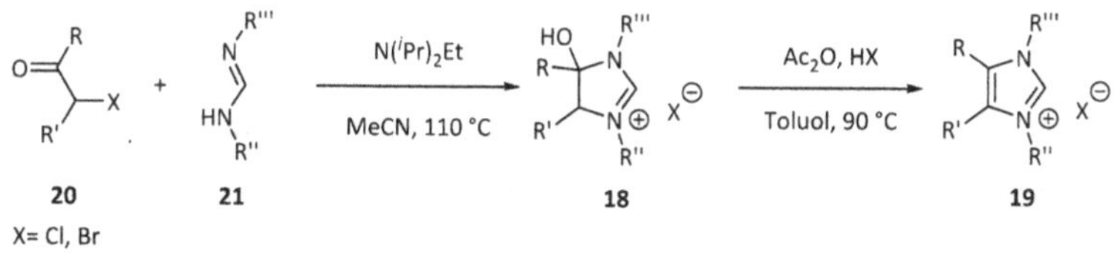

Schema 6: Synthese von Imidazoliumsalzen durch den Einsatz von Formamidinen.

Als Reaktionspartner für Formamidine wurden α-Haloketone gewählt, da diese
zum einen kommerziell erhältlich oder leicht durch α-Halogenierung eines Ketons
zu synthetisieren sind. Zusätzlich erhöht die Carbonylgruppe die Reaktivität der
benachbarten Halogenatome für Substitutionsreaktionen, was sie zu guten Reakti-
onspartnern macht.[17] Die Imidazoliumsalze können je nach Formamidin sowohl
symmetrisch als auch unsymmetrisch sein. Die Substituenten des Rückgrats werden durch das eingesetzte Haloketon vorgegeben.

Um die freien Carbene aus den Azoliumsalzen erhalten zu können, sind drei Methoden bekannt (Schema 7).

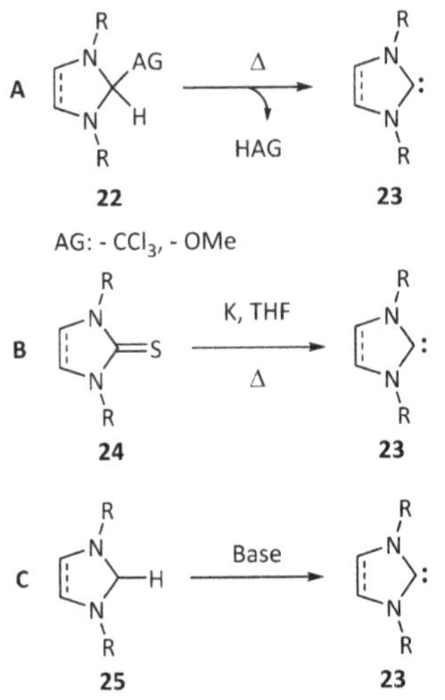

A 22 $\xrightarrow{\Delta}$ 23

AG: - CCl$_3$, - OMe

B 24 $\xrightarrow[\Delta]{\text{K, THF}}$ 23

C 25 $\xrightarrow{\text{Base}}$ 23

Schema 7: Herkömmliche Methoden zur Synthese des freien Carbens.

Als erste Möglichkeit ist hierfür die α-Eliminierung zu nennen (**A**), welche bereits von WANZLICK durchzuführen versucht wurde.[2] Durch Eliminierung von Chloroform sollte das freie Carben erhalten werden. Aufgrund der jedoch wenig sterisch-abschirmenden Substituenten konnte lediglich das Dimer gebildet werden. ENDERS et al. konnten das freie Carben durch Eliminierung von Methanol erhalten.[18] Eine weitere Möglichkeit stellt die Reduktion eines Thioharnstoffderivates dar (**B**). KUHN et al. gelang es durch Reduktion mit Kalium in siedendem Tetrahydrofuran das freie Carben zu generieren.[19] Auch hier ist die Wahl der Substituenten R entschei-dend, da sie für kleine Reste lediglich das Dimer gewinnen konnten. Die wohl gän-gigste Methode ist die bereits von ARDUENGO et al. beschriebene Deprotonierung von Imidazoliumsalzen durch starke Basen (**C**).[4] Dabei kann wie auch von ihm Nat-riumhydrid als Base gewählt werden, aber auch Deprotonierungen mit anderen Basen wie Alkoholate (Natriummethanolat, Kalium-*tert*-butanolat) oder Azidbasen (Lithiumdiisopropylamid (LDA), Kaliumhexamethyldisilazid (KHMDS)) sind bekannt.

1.1.3 Biologische Anwendung von NHC-Metallkomplexen

Aufgrund der besonderen Stabilität von NHC-Metallkomplexen werden diese in der Katalyse vermehrt eingesetzt. Doch die Vorteile solcher Komplexe können auch für die medizinische Chemie anwendbar sein. So werden einige Silber- und Goldkomplexe sowie weitere Metallkomplexe für biologische Anwendungen wie beispielsweise Krebstherapie oder antimikrobielle Anwendungen eingesetzt, wobei hier nur ein kleiner Ausschnitt dargestellt werden soll.[20] NHCs werden gewählt, weil sie auch unter physiologischen Bedingungen besonders stabile Komplexe bilden, und leicht modifizierbar sind, so dass eine Fülle an Strukturen zur Verfügung steht. Durch Wahl der Metalle aber auch des koordinierenden NHCs kann die biologische Aktivität der Komplexe optimiert werden.

Zwei Beispiele biologisch-aktiver Metall-NHC-Komplexe sind in Abbildung 7 dargestellt.

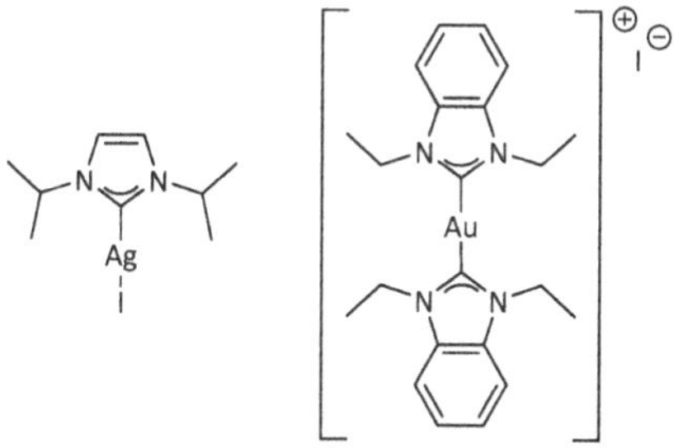

26   **27**

Abbildung 7: Darstellung zweier biologisch-aktiver Metallkomplexe.

Silberverbindungen werden vorwiegend für anti-infektiöse Anwendungen eingesetzt.[20] Der Komplex **26** sowie 13 weitere Komplexe wurden beispielsweise für den antibakteriellen Einsatz gegen *E. coli* und *S. aureus* Bakterien getestet.[21] Die zuvor für Katalysen eingesetzten Komplexe, somit nicht speziell für biochemische Anwendungen designt, zeigten dabei gute bis sehr gute antibakterielle Wirkungen. Dabei konnte beobachtet werden, dass je höher der lipophile Charakter war, desto mehr wurde die Zellmembran der Bakterien beansprucht, woraus die antibakterielle Wirkung resultiert. Allerdings geht mit dem höheren lipophilen Charakter auch eine schlechtere Löslichkeit und somit schlechtere Anwendbarkeit einher.

Im Fall anti-tumoraler Anwendungen haben sich besonders Gold-NHC-Komplexe etabliert. Ein Beispiel eines solchen Komplexes ist **27**. Es wird vermutet, dass als Zielmolekül für die Komplexe die Thioredoxinreduktase (TrxR) fungiert.[20] Dabei handelt es sich um ein Seleno-Enzym, welches einen Teil der Abbaukaskade reaktiver Sauerstoffspezies darstellt. Dieses Enzym liegt besonders vermehrt in Tumorzellen vor.[22] Die anti-tumorale Wirkung der Goldkomplexe wird insofern vermutet, dass es an das Selen des aktiven Zentrums bindet und auf diese Weise das En-

zym inhibiert. Aufgrund dieser Inhibition können die Sauerstoffspezies nicht abge-
baut werden, so dass ein oxidativer Stress entsteht. Die Zelle setzt Apoptose-
Promotoren frei, die letztendlich zum Zelltod führen.[20] Auch für die Goldkomplexe
wird eine Abhängigkeit der Aktivität von der Lipophilie der Komplexe
beobachtet.[23] Eine gewisse Lipophilie ist notwendig, um die hydrophobe Membran passieren zu können. Ist die Lipophilie jedoch zu hoch, gibt es wie auch schon
bei den Silberkomplexen Löslichkeitsprobleme.

1.2 Biologische Membranen

1.2.1 Struktur und Funktion von Membranen

In einem lebenden System werden Bereiche durch Zellmembranen voneinander
abgetrennt. Dadurch entstehen Reaktionsräume, die eingeschränkten Zugang
zueinander besitzen, so dass Moleküle in einer Membran gehalten oder der Zugang mancher Substanzen vermieden werden kann. Eine Membran wird somit als
semi-permeabel bezeichnet und dient als Barriere für die Zelle.[24]

Eine solche Zellmembran ist aus mehreren Molekülen zusammengesetzt. Die
Hauptbestandteile werden dabei von Lipiden und Proteinen dargestellt, wobei
beide Kohlenhydrate angebunden haben können.[24]

Es gibt drei verschiedene Arten von Lipiden, die hauptsächlich in der Natur vorkommen. Dazu zählen die Phospholipide, welche aus vier Bausteinen zusammengesetzt sind. Ein Bestandteil ist eine Alkoholgruppe, welche sich am Kopf des Lipids
befindet. Meistens enthält diese eine Ammoniumeinheit, wodurch eine positive
Ladung zustande kommt. Angeknüpft an diese befindet sich eine Phosphateinheit,
welche über einen Glycerinbaustein mit den Fettsäureketten verbunden ist. Die
Kettenlänge kann dabei sehr variabel sein und auch Doppelbindungen
enthalten.[24] Ein Beispiel eines Phospholipids ist in Abbildung 8 dargestellt.

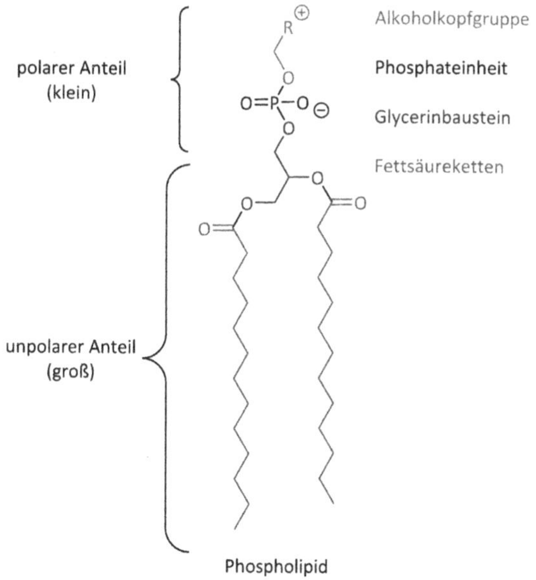

| polarer Anteil (klein) | R ⊕ | Alkoholkopfgruppe |

Abbildung 8: Darstellung eines Phospholipids.

Eine andere Art von Lipiden sind die Sphingolipide, bei denen Sphingosin den Glycerinbaustein sowie eine Fettsäurekette ersetzt. Glykopeptide, die dritte Art, sind sehr ähnlich zu den Sphingolipiden, wobei anstelle der Alkoholgruppe eine Kette an Kohlenhydraten angebracht ist. Allen drei Lipidarten liegt der gleiche Aufbau zu Grunde. Sie besitzen einen kleinen, polaren Anteil, der als Kopfgruppe bezeichnet wird. Angehangen ist der linearen Struktur ein deutlich längerer unpolarer Anteil.[24] Lipide besitzen somit sowohl hydrophilen als auch hydrophoben Charakter.

In wässrigem Medium lagern sich die Lipide zu einer Lipiddoppelschicht zusammen, so dass eine Zellmembran aufgebaut und aufgrund koorperativer Effekte zusammen gehalten wird. Eine schematische Darstellung einer Lipiddoppelschichtmembran findet sich in Abbildung 9.

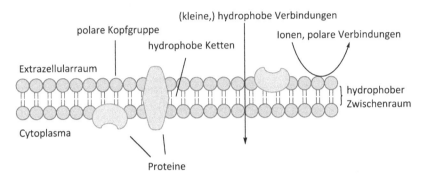

Abbildung 9: Schematische Darstellung einer Lipiddoppelschichtmembran.

Dabei weisen die hydrophilen Kopfgruppen in Richtung der wässrigen Lösung. Sie sind somit ausgerichtet zum Extrazellularraum bzw. Cytoplasma. Die hydrophoben Ketten sitzen im Inneren der Membran, so dass diese einen hydrophoben Zwischenraum erhält. Aufgrund dieser Beschaffenheit können lediglich kleine bzw. hydrophobe Moleküle die Membran durchqueren. Polare Verbindungen können den hydrophoben Zwischenraum nicht überwinden sowie Ionen, welche zum einen aufgrund ihrer Ladung, aber auch durch die umgebende Hydrathülle zu polar für den Durchtritt sind. Die Membran ist wie bereits erwähnt *semi-permeabel*. Des Weiteren kann die Membran als dynamisch bezeichnet werden, da Proteine sozusagen in den Lipiden gelöst sind. Dabei kann zwischen zwei Arten der Proteinintegration in die Membran unterschieden werden. Zum einen gibt es integrale Proteine, welche sich innerhalb einer Membran befinden. Dabei können diese sowohl die Membran als beispielsweise Kanalproteine durchqueren, als auch nur einseitig wie etwa Carrier-Proteine in der Membran verankert sein. Diese beiden Arten an Proteinen stellen Transportmoleküle dar, welche den Stoffaustausch nicht passierbarer Moleküle ermöglichen. Die andere Klasse wird durch periphere Proteine dargestellt, welche lediglich auf der Oberfläche der Membran delokalisiert sind. [24]

Ein weiterer wichtiger Membranbestandteil ist das Cholesterol (Abbildung 10).

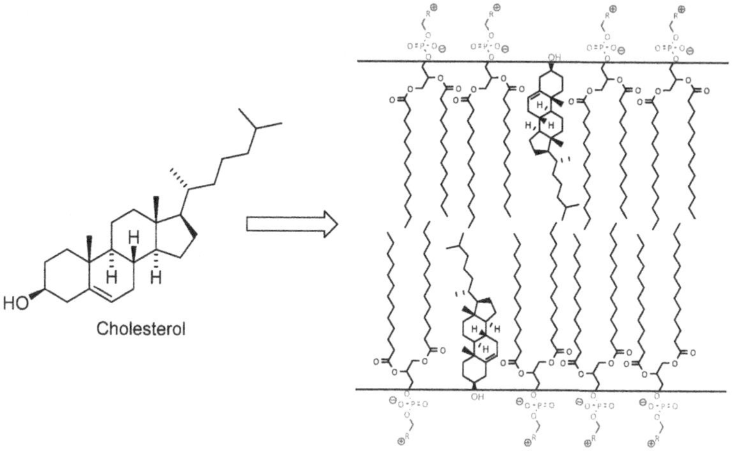

Abbildung 10: Cholesterol und dessen Integration in eine Lipiddoppelschicht.

Cholesterol ordnet sich so in die Membran ein, dass es die Freiräume zwischen den Phospholipiden besetzt, wobei es parallel zu den Lipiden ausgerichtet wird (Abbildung 10). Unpolare Wechselwirkungen des Steroidgerüsts mit den langen Alkylketten sowie Wasserstoffbrückenbindungen der Hydroxygruppe mit den polaren Kopfgruppen führen zur Stabilität des Cholesteroleinbaus. Aufgrund des starren Steroidgerüsts des Cholesterols im Vergleich zu den gut beweglichen Alkylketten der Lipide kommt es bei Interaktion der Moleküle zu einer Störung der Flexibilität der Ketten, so dass diese sich definierter anordnen und die Membran an diesen Stellen verfestigt sowie weniger durchlässig für polare Substanzen wird.[25] Cholesterol agiert somit als Regulator für die Membranfluidität.[24] Zusätzlich können einige Membranproteine gezielt an Cholesterol binden.[25b]

1.2.2 Mizellen und mizellare Katalyse

Eine andere Möglichkeit der Anordnung von Lipiden liegt in dem Aufbau mizellarer Strukturen.[24] Lipide wie die in Abbildung 11 dargestellten Strukturen (Tenside) lagern sich aufgrund des hydrophoben Effekts in Lösung zu Mizellen zusammen, sobald ein Minimum einer Konzentration, die sogenannte critical micelle concentration (cmc), überschritten wurde.[26] Im Fall von wässrigem oder polarem Medium richtet sich dabei die polare Kopfgruppe in Richtung Wasser aus und der unpolare Teil ist zum Inneren der Mizelle gewandt. Für unpolare Medien verhält es sich anders herum, so dass von inversen Mizellen gesprochen werden kann.[24]

Einige natürlich-vorkommende Lipide sind bereits in Kapitel 1.2.1 erwähnt. Einige Beispiele synthetisch dargestellter Verbindungen, die sogenannten Tenside, sind in Abbildung 11 zu finden.

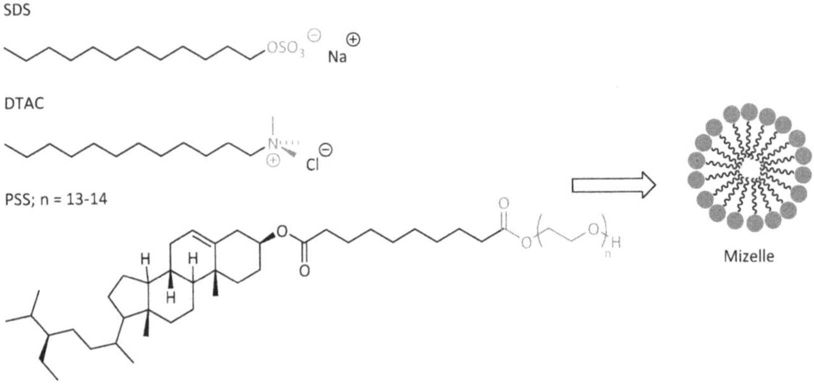

SDS

DTAC

PSS; n = 13-14

Mizelle

Abbildung 11: Darstellung einiger Beispiele von Tensiden und Struktur einer Mizelle.

Je nach eingesetztem Tensid kann die Mizelle letztlich geladen oder neutral in Lösung vorliegen.

Durch den innerhalb der Mizelle aufgebauten hydrophoben Innenraum, kann dieses Prinzip für die Katalyse in wässrigen Lösungen unter meist milden Bedingungen genutzt werden. Die organischen Substanzen verteilen sich hierbei zwischen der wässrigen Phase und den Mizellen, wobei sich die Substanzen auch im inneren Raum der Mizelle anreichern können, so dass eine hohe lokale Konzentration vorliegt.[26-27] Der Katalysator befindet sich in der Mizelle. Idealerweise ist er so an ein Tensid angeknüpft, dass er bei Reinigungsprozessen als Bestandteil der Mizelle erhalten bleibt, wodurch eine erleichterte Abtrennung der Produkte erfolgen kann, sowie die Recyclebarkeit möglich gemacht wird. Beispiele für Katalysatoren reichen von den eingesetzten Tensiden zu Organo- bzw. Metallkatalysatoren.[26, 28]

Ein Beispiel einer Tensid-unterstützten Katalyse in Mizellen wurde 2002 von KOBAYASHI et al. vorgestellt.[29]

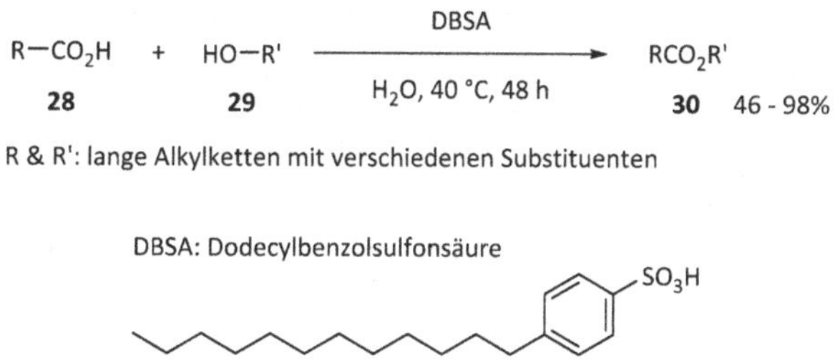
DBSA
R—CO2H + HO—R'
H2O, 40 °C, 48 h
RCO2R'
28
29
30 46 - 98%
R & R': lange Alkylketten mit verschiedenen Substituenten
DBSA: Dodecylbenzolsulfonsäure
SO3H

Schema 8: Von KOBAYASHI *et al.* durchgeführte Versterung durch mizellare Katalyse.[29]

Durch den Einsatz von Dodecylbenzolsulfonsäure, was sowohl als Tensid als auch als Brønsted-Säure fungiert, konnten Veresterungen in moderaten bis hohen Ausbeuten in wässriger Lösung durchgeführt werden. Weiterhin berichteten sie von der selektiven Veresterung bei Anwesenheit zweier verschiedener Säuren, von der Möglichkeit zur Umesterung, Ether- und Thioethersynthese sowie der Dithioacetalbildung.

SCARSO, SGARBOSSA und WASS *et al.* veröffentlichten 2012 eine mizellare Katalyse zur Addition von Wasser an Alkine durch den Einsatz eines Diphosphinamin-stabilisierten Platinkomplexes.[30]

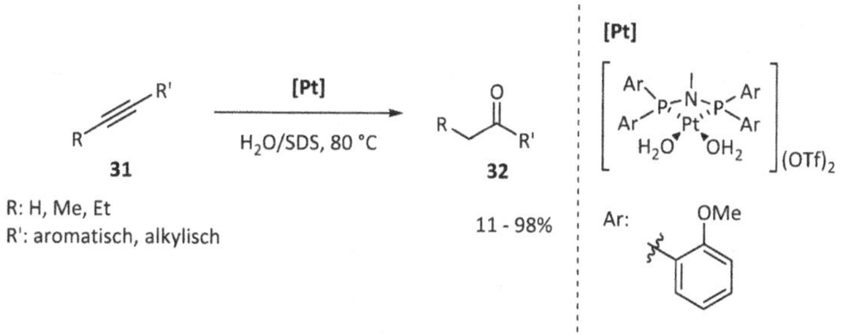
R'
R
31
[Pt]
H2O/SDS, 80 °C
O
R
R'
32
R: H, Me, Et
R': aromatisch, alkylisch
11 - 98%
[Pt]
Ar
Ar
P
N
P
Ar
Ar
Pt
H2O
OH2
(OTf)2
Ar:
OMe

Schema 9: Markovnikov Hydratisierung von Alkinen durch SCARSO, SGARBOSSA und WASS *et al.*[30]

Mit der in Schema 9 dargestellten Katalyse konnten sie terminale und interne Alkine mit Wasser zu den jeweiligen Ketonen umsetzen. Aufgrund der kationischen Ladung des Komplexes und der negativen Ladung des eingesetzten Tensids konnte eine Ionenpaarung erfolgen, die den Katalysator in der Mizelle und somit in der wässrigen Lösung hält, wodurch ein viermaliges Recyceln mit gleichbleibender Aktivität ermöglicht wurde. Der kleine Bisswinkel des Chelatliganden führte zu einer erhöhten Aktivität im Vergleich zu anderen Phosphinliganden.

Aber auch NHCs eignen sich als Liganden für Metallkomplexe in der mizellaren Katalyse. GLORIUS *et al.* zeigten 2015 die Synthese und den Einsatz eines Tensid nachahmenden NHC-Liganden, der erfolgreich in der mizellaren Goldkatalyse eingesetzt werden konnte.[31]

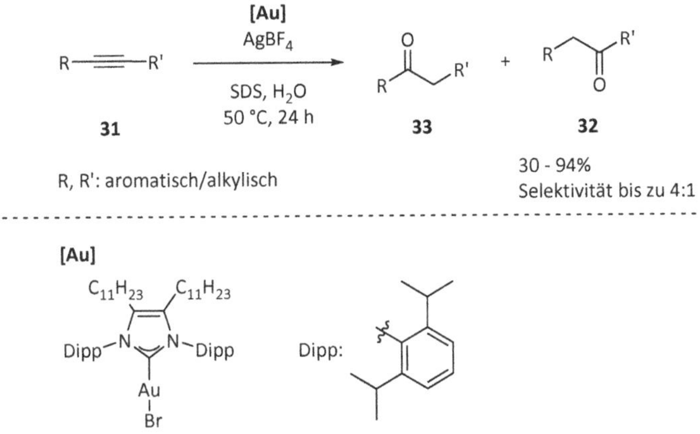

Schema 10: Von GLORIUS *et al.* durchgeführte mizellare Goldkatalyse.[31]

Das speziell-designte NHC konnte auf zwei verschiedene Arten mit dem Tensid interagieren. Zum einen wurde ein kationischer Komplex *in situ* aus dem Goldkomplex und Silbertetrafluoroborat generiert, so dass eine Ionenpaarwechselwirkung mit dem anionischen Tensid erfolgen konnte. Die langen Alkylketten im Rückgrat des NHCs ahmen eine tensidartige Struktur nach und können durch hydrophobe Interaktion mit den Tensiden stabile Mizellstrukturen aufbauen, wodurch der Einsatz als Katalysator in der Addition von Wasser an terminale und interne Alkine in moderaten bis hohen Ausbeuten ermöglicht wurde.

1.3 NHCs zur Stabilisierung von Nanopartikeln

1.3.1 Synthese und Stabilisierung von Nanopartikeln

Als Nanopartikel (NP) werden Zusammenschlüsse von hunderten bis tausenden von Atomen bezeichnet, welche eine Größe von 1 bis 50 nm erreichen können.[32] Um diese synthetisieren zu können, müssen aus einem Metallvorläufer die freien Metallatome der Oxidationsstufe Null generiert werden. Dabei werden zwei verschiedene chemische Verfahren genutzt.[32]

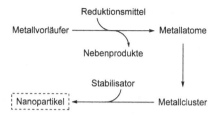

Schema 11: Schematische Darstellung einer Nanopartikelsynthese ausgehend vom Metallvorläufer.

Zunächst wird aus den Metallvorläufern durch Reduktion oder Dekomposition das Metall der Oxidationsstufe Null freigesetzt.[33] Als Reduktionsmittel eignen sich beispielsweise Wasserstoff, Alkohole oder Hydride. Im Fall der Dekomposition ist eine Möglichkeit die Thermolyse der Acetat- bzw. Acetylacetatsalze bekannt. Diese Methode wird vorwiegend für Palladium- und Platinsalze verwendet. Falls das Metall stabile Olefinkomplexe der Oxidationsstufe Null bilden kann, ließe sich auch eine Hydrierung des Liganden und der daraus folgenden Generierung der Metallatome aufgrund der Freisetzung des nun nicht mehr bindenden Liganden ermöglichen. Da die freien Metallatome sich zu Clustern zusammenschließen und so aggregieren würden, wird ein Stabilisator zugegeben, der die Clusterbildung stoppt und zu stabilen Nanopartikeln führt.[32]

Zur Stabilisierung von Nanopartikeln kann zwischen zwei verschiedenen Mechanismen unterschieden werden. Die Partikel können elektrostatisch (**A**) oder sterisch (**B**) abgeschirmt werden (Abbildung 12). [32-33]

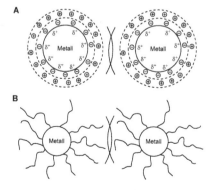

Abbildung 12: Zwei Möglichkeiten der Nanopartikelstabilisierung.

A: Elektrostatische Abschirmung; B: Sterische Abschirmung.

Aufgrund des partiell-positiven Charakters des Metallpartikels lagern sich Anionen aus der Lösung auf dessen Oberfläche ab. Zum Ladungsausgleich legt sich um diese negativ-geladene Schicht eine Schicht aus Kationen. Diese so gebildete elektronische Doppelschicht führt zur Coulomb-Abstoßung zwischen den Partikeln, so dass eine Agglomeration vermieden wird (A). Durch den Einsatz langkettiger bzw. sterisch-anspruchsvoller Liganden wird der Partikel durch sterische Abstoßung stabil in Lösung gehalten (B). Auch eine Kombination der beiden Methoden ist möglich.

Nanopartikel können durch unterschiedliche Arten von Liganden stabilisiert werden.[34] Dabei wird beispielsweise zwischen O-Donoren, S-Donoren und P-Donoren unterschieden. Einige Beispiele etablierter Liganden sind in Abbildung 13 dargestellt.

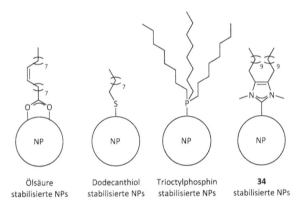

Ölsäure   Dodecanthiol   Trioctylphosphin   34
stabilisierte NPs stabilisierte NPs stabilisierte NPs stabilisierte NPs

Abbildung 13: Darstellung einiger Nanopartikel-Stabilisatoren.

Zwei weitere Ligandensysteme sind multidentate Thioetherstrukturmotive (Abbildung 14) sowie NHCs.

35   n: 1 - 7

Abbildung 14: Multidentater Thioetherligand zur Gold-NP-Stabilisierung.[35]

Simon und Mayor et al. gelang die Synthese eines multidentaten Thioethers, welcher erfolgreich als Stabilisator in der Synthese von Gold-Nanopartikeln genutzt

werden konnte.[35] Die Stabilisierung erfolgte über die Anbindung der Thioether-
einheiten. Die Nutzung von NHCs als Stabilisatoren ist im nachfolgenden Kapitel
beschrieben.

1.3.2 NHCs als Stabilisatoren für Nanopartikel

Wie bereits zuvor erwähnt, werden auch NHCs als Stabilisatoren in der Nanopartikelsynthese eingesetzt. Die für Komplexe herausragenden Vorteile der NHC-
Nutzung können ebenfalls auf Nanopartikel übertragen werden, wie beispielsweise
die bemerkenswerte Stabilität der NHC-Metall-Bindung sowie die einfache Synthese der NHCs, mit der ein hohes Maß an strukturellen Modifikationsmöglichkeiten
einhergeht.

2005 beobachteten FINKE et al. eine Stabilisierung von Iridium-(0)-Clustern durch in
situ gebildete NHCs.[36] Das Imidazoliumsalz sollte als ionic liquid zur Cluster-
Stabilisierung eingesetzt werden, wobei im NMR ein Carbensignal detektiert werden konnte. Eine zumindest vorübergehende Anbindung des NHCs konnte ermit-
telt werden.

TILLEY et al. gelang es, NHCs zur Gold-Nanopartikelstabilisierung einzusetzen.[37]
Dabei erfolgte die Synthese der Nanopartikel durch Reduktion der korrespondierenden Gold-NHC-Komplexe. Durch Wahl der NHCs konnte die Partikelgröße ge-
steuert werden.

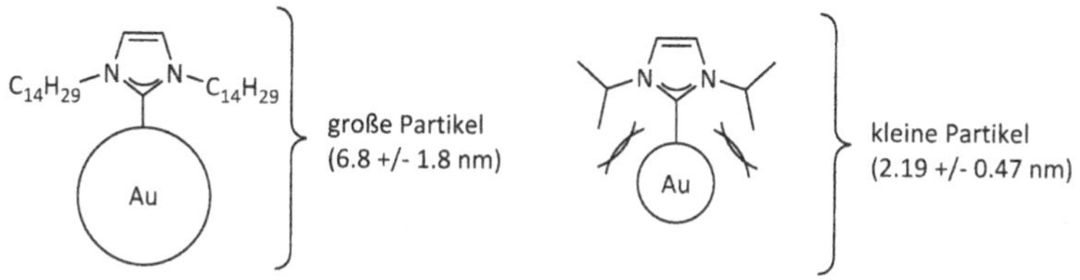

große Partikel
(6.8 +/- 1.8 nm)

kleine Partikel
(2.19 +/- 0.47 nm)

36   37

Abbildung 15: Gold-Nanopartikelstabilisierung durch verschiedene NHCs.

Sie vermuteten, dass die lange und flexible lineare Kette des Liganden 36 zur größeren Partikelgröße führt, wohingegen der sterische Anspruch des Liganden 37 die
Oberflächenkrümmung beeinflusst, so dass kleinere Partikel entstehen. Die Partikel waren sowohl in Lösung als auch als Feststoff über mehrere Monate stabil, so
dass sie die Stabilisierungsfähigkeit durch NHCs mit denen der Thiole, bekannte
und etablierte Stabilisatoren, verglichen.

CHAUDRET *et al.* berichteten 2011 von Studien der Anbindung von NHC-Liganden an Nanopartikel.[38] Dafür untersuchten sie zwei verschiedene NHC-Strukturen zur Anbindung auf Ruthenium-Nanopartikel. Die Untersuchungen erfolgten durch NMR-Experimente und TEM-Aufnahmen.

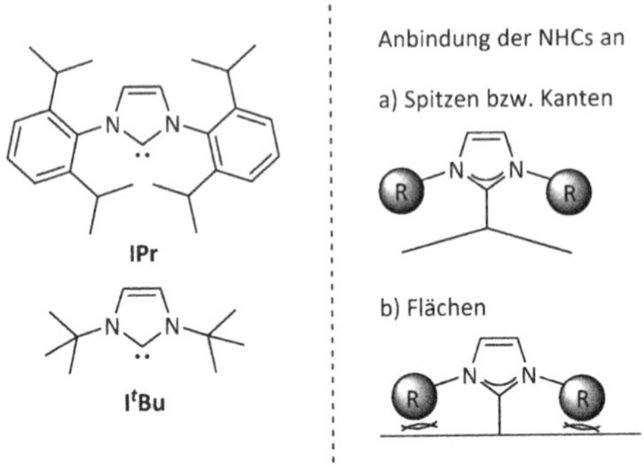

Abbildung 16: Von CHAUDRET *et al.* eingesetzte NHC-Strukturen sowie Anbindungsstellen an Nanopartikel.[38a]

Durch den Einsatz der in Abbildung 16 dargestellten NHCs konnten stabile Ruthenium-Nanopartikel synthetisiert werden. Der Austausch der Liganden durch Thiole oder Phosphine erfolgte nicht, was die Stabilität der Partikel bestätigte. Allerdings konnten Unterschiede zwischen diesen zwei Verbindungen in Bezug auf die katalytische Aktivität und Stabilität der resultierenden Nanopartikel festgestellt werden. Der durch IPr stabilisierte Nanopartikel war stabiler und auch aktiver in der Hydrierung von Aromaten. Im Fall von I^{t}Bu als stabilisierenden Liganden wies der Nanopartikel eine geringere katalytische Aktivität auf. Erklärt wurde dieses durch die deutlich höhere Menge an NHC zur Bildung stabiler Nanopartikel. CHAUDRET *et al.* vermuteten, dass durch die höhere Beladung die Nanopartikeloberfläche stärker blockiert ist, was den Aktivitätsverlust zur Folge hat.[38a] Durch verschiedene Experimente konnten sie feststellen, dass bei Anbindung der Liganden auf die Nanopartikeloberfläche an zunächst koordinativ ungesättigten Stellen wie beispielsweise Spitzen und Kanten erfolgt, da dort der sterische Anspruch der N-Substituenten weniger Einfluss nimmt (Abbildung 16). Erst danach erfolgt die Besetzung der Partikelflächen.[38b]

Nicht nur die Stabilität der NHC-Nanopartikel, sondern auch die darausresultierenden Anwendungsmöglichkeiten durch entsprechende Funktionalisierung machen diese Systeme zu interessanten Verbindungen.

GLORIUS *et al.* gelang es 2010 ein Nanopartikelsystem zu entwickeln, welches chirale NHC-Liganden trug und somit in der asymmetrischen Katalyse eingesetzt werden konnte.[39]

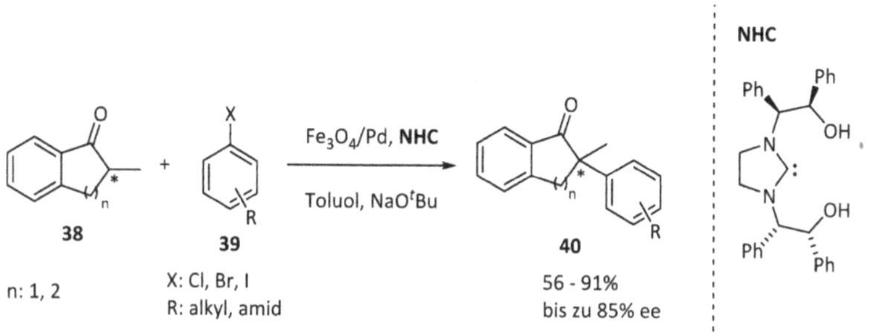

Schema 12: Asymmetrische α-Arylierung nach GLORIUS *et al.*[39]

Als Nanopartikelsystem wählten sie einen Magnetitkern, der mit Palladium-Nanopartikeln besetzt war. Das NHC band hierbei vermutlich an die Palladium-Nanopartikel. Aufgrund des magnetischen Charakters der Partikel konnte eine leichte Abtrennung des Katalysators von der Reaktionslösung erfolgen. Der Katalysator konnte recycelt und erneut verwendet werden, wobei er weder an Aktivität noch an Selektivität einbüßte.

Die Arbeit von GLORIUS *et al.* zeigt, dass NHCs gezielt für entsprechende Anwendungen maßgeschneidert werden können. 2014 veröffentlichten GLORIUS und RA-VOO *et al.* ein auf die Nanopartikel optimal zugeschnittenes NHC-Design.[40] Es gelang ihnen stabile Nanopartikel durch Ligandenaustausch (Thioether gegen NHC) zu synthetisieren.

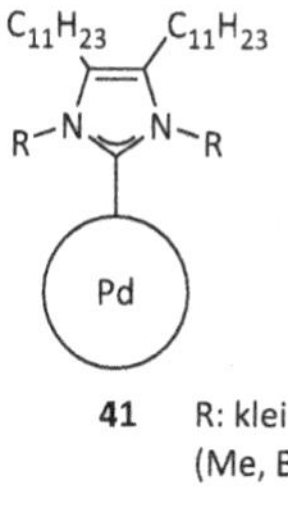

41   R: klein oder flexibel
(Me, Bn)

Abbildung 17: Von GLORIUS und RAVOO *et al.* entwickeltes NHC-Design zur Palladium-NP-Stabilisierung.[40]

Durch die Modifikation im NHC-Rückgrat konnten kleine oder flexible Substituenten am Stickstoff gewählt werden, so dass repulsive Wechselwirkungen zwischen dem Nanopartikel und den Substituenten vermieden werden konnten. Die Kombination der sterischen Abschirmung durch die langen Alkylketten mit der Stabilität der Anbindung von NHCs ermöglichte eine Langzeitstabilität von bis zu vier Monaten. Zusätzlich konnte eine Chemoselektivität bei der Hydrierung von Olefinen in Bezug auf die Hydrierung terminaler Doppelbindungen erreicht werden.

Ein weiteres auf die Anwendung angepasstes NHC-Design lieferten 2015 JOHNSON et al.[41]

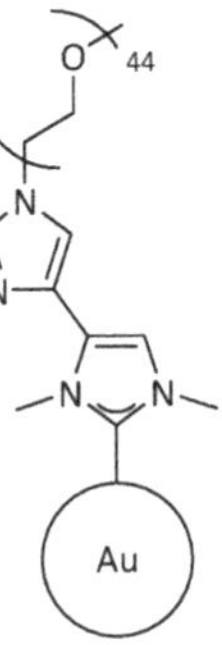

Abbildung 18: Von JOHNSON et al. entwickeltes NHC-Design zur Gold-NP-Stabilisierung.[41]

Auch sie wählten eine Rückgrat-Modifikation, so dass kleine Substituenten am Stickstoff gewählt werden konnten. Aufgrund der langen Polyethylenglykol-(PEG)-Einheit wurde der Partikel sterisch abgeschirmt und ihm gleichzeitig ein hydrophiler Charakter verliehen, so dass die Partikel in Wasser löslich sind. Für Biokompatibilitätsstudien testen sie die Stabilität der NP unter physiologischen Bedingungen, um eine mögliche biomedizinische Anwendbarkeit ableiten zu können. Anhand der Tests konnte herausgefunden werden, dass die Partikel nicht nur in wässriger Lösung, aber auch in wässriger Wasserstoffperoxidlösung sowie Zellkulturmedien (pH = 3 - 14, < 250 mM Elektrolytlösung) bei geringen (- 78 °C) sowie hohen (95 °C)

2 Biomolekül-basierte NHCs

2.1 Motivation

Wie bereits in Kapitel 1 erwähnt, können NHCs verschieden modifiziert werden, um so für unterschiedliche Anforderungen Anwendung zu finden. GLORIUS und Mitarbeitern gelang es, ein NHC zu entwickeln, welches im Rückgrat lange Alkylketten trägt (Abbildung 19).[40]

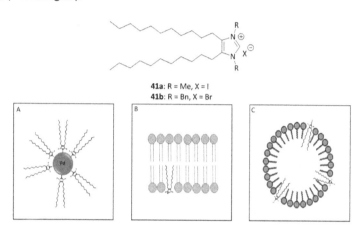

41a: R = Me, X = I
41b: R = Bn, X = Br

Abbildung 19: Schematische Darstellung des NHCs mit langen Alkylketten und dessen Anwendung.

A: Palladium-Nanopartikelstabilisierung, B: Einbau in die Lipiddoppelschicht von Zellen, C: Mizellare Goldkatalyse in Wasser.

Aufgrund der langen Alkylketten konnten GLORIUS et al. das NHC für eine Vielzahl von Anwendungen einsetzen. Unter anderem verhindern die Ketten bei Anbindung an einen Nanopartikel aufgrund der sterischen Abschirmung eine Agglomeratbildung der Nanopartikel und ermöglichen so deren Stabilisierung.[40] Dabei erwiesen sich kleine bzw. flexible Reste R (hier Me und Bn) als besonders erfolgsversprechend. Imidazoliumsalze mit denselben Resten konnten in eine Biomembran eingebaut werden und diese je nach Kettenlänge der Alkylketten stabilisieren.[42] Das NHC kann durch die langen Alkylketten Phospholipide nachahmen, wobei die Alkylketten den unpolaren Teil und das Imidazolgerüst die polare Kopfgruppe darstellen. Zusätzlich erfolgt eine vorteilhafte Ionenpaarwechselwirkung durch die negative Ladung des Phospholipids und der positiven Ladung des Imidazoliums.[42]

Des Weiteren konnte der Goldkomplex für R = 2,6-Diisopropylphenyl (Dipp) synthetisiert und in der mizellaren Katalyse zur Addition von Wasser an disubstituierte Alkine eingesetzt werden.[31] Auch hier ist die Ionenpaarbildung von Vorteil für die Stabilität der Mizelle.

Da sich diese Klasse an NHCs nur schlecht bzw. kaum in Wasser lösen lässt, jedoch die biochemischen Prozesse in Wasser stattfinden, sollte eine Biosystem-ähnliche bzw. -entnommene Struktur zur Synthese der bioaktiven NHCs eingesetzt werden. Außerdem sollte ein System entwickelt werden, welches eine gewisse Starrheit mitbringt. Zum einen wurde hierfür Cholesterol gewählt, welches als natürlicher Baustein bereits in der Membran vorhanden ist und somit der Einbau eines Cholesterol-Derivat-NHCs erleichtert sein sollte, da es sich um ein körpereigenes Molekül handelt. Aufgrund der Verwandschaft zu Cholesterol sollte der Körper bzw. die Zelle in der Lage sein, das Molekül zum entsprechenden Wirkort zu bringen. Jedoch löst sich Cholesterol schlecht in Wasser (0.5 mg/100 mL), so dass ein weiteres Biomolekül ausgewählt wurde.[43] Aufgrund der besseren Wasserlöslichkeit in Wasser von 100 mg/L wurde als weiteres Biomolekül Campher gewählt.[44] Die zu synthetisierenden Molekülstrukturen finden sich in Abbildung 20.

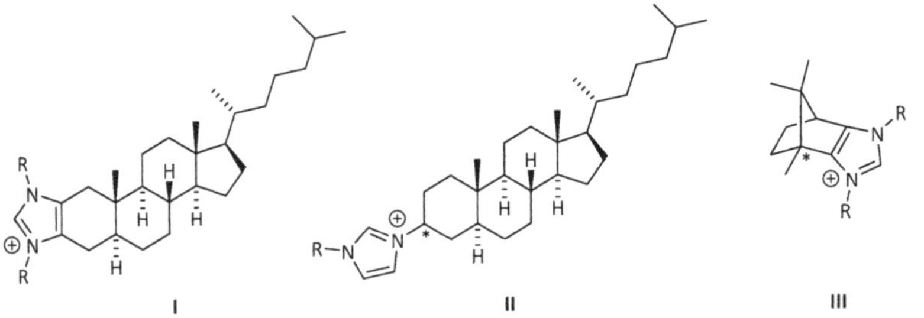

Abbildung 20: Schematische Darstellung der zu synthestisierenden Biomolekül-NHCs.

Für Cholesterol wurden dafür zwei verschiedene Strukturen ausgewählt (I und II). Beide besitzen eine lineare Ausrichtung, wobei der polare Imidazolkern vom unpolaren Steroidgerüst abgetrennt ist. Strukturen der Form I bringen zum einen eine höhere Starrheit des Systems mit. Außerdem wird vermutet, dass für dieses System durch gleichartige Ausrichtung des NHCs im Vergleich zu den Tensiden eine höhere katalytische Aktivität zu erwarten ist. Im Fall der Strukturen II bietet das System deutlich mehr Flexibilität, was sich zum einen für die Nanopartikelstabilisierung eignen kann, aber auch für die biochemische Anwendung von Vorteil sein könnte. Da für Campher Strukturen mit Campher als Substituent am Stickstoffatom bereits bekannt sind, sollten diese Strukturen nicht weiter betrachtet werden. Als Reste sollten für alle drei Strukturmotive analog zu den Strukturen aus Abbildung 19 sowohl kleine (Methyl) als auch flexible Gruppen (Benzyl) für die biologischen Anwendungen sowie die Nanopartikelstabilisierung synthetisiert werden. Für die katalytischen Anwendungen sollten hingegen aromatische bzw. sterisch-anspruchsvollere Gruppen eingesetzt werden.

2.2 Synthese und Anwendung von Cholesterol-abgeleiteten NHCs

2.2.1 Cholesterol im Rückgrat des Imidazoliumkerns (I)

Bereits 2014 wurde in der Gruppe von GLORIUS ein von Cholesterol abgeleitetes NHC synthetisiert sowie der dazugehörige Gold-Komplex gebildet (Abbildung 21).[45] Streng genommen handelt es sich bei dem Strukturmotiv aufgrund der Hydrierung der Doppelbindung zwar nicht mehr um Cholesterol. Im Folgenden wird dieses aber aufgrund der strukturellen Ähnlichkeit und der Zusammenhang zum Biomolekül als Cholesterol bezeichnet.

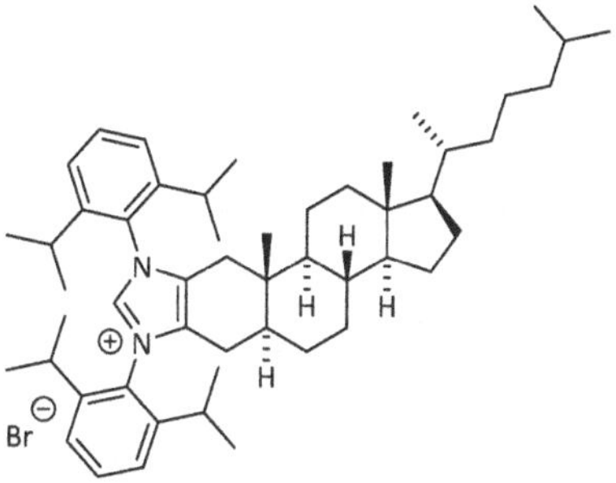

43a

Abbildung 21: Schematische Darstellung von **43a**.

Um dieses Molekül in der mizellaren Goldkatalyse einsetzen zu können, wurde die Synthese wiederholt sowie eine weitere Verbindung synthetisiert, um die best-möglichen Substituenten am Stickstoff ermitteln zu können. Dafür wurde der bereits 2014 gefundene Syntheseplan für aromatische Substituenten an den Stick-stoffatomen verwendet (Schema 13).

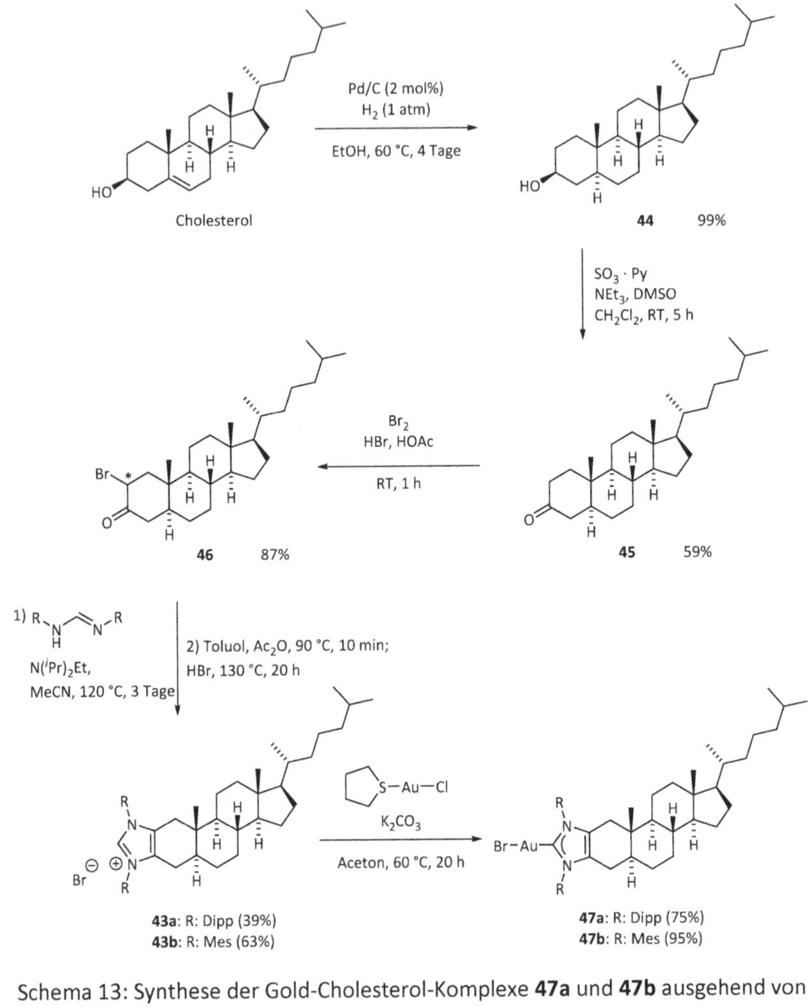

Schema 13: Synthese der Gold-Cholesterol-Komplexe **47a** und **47b** ausgehend von Cholesterol.

Ausgehend von Cholesterol wurden die zwei Goldkomplexe **47a** und **47b** synthetisiert. Die Hydrierung der Doppelbindung ist notwendig, um bei der Bromierung von **45** eine selektive Bromierung in α-Position zum Keton anstelle der Bromaddition an die Doppelbindung zu gewährleisten. Für die Oxidation wurde eine *Parikh-Döring-Oxidation* gewählt, da andere Methoden wie beispielsweise Jones-Oxidation das toxische Metall Chrom enthalten. Zur Umsetzung des Bromoketons **46** zu den jeweiligen Imidazoliumsalzen **43a** und **43b** wurden Formamidine verwendet. Diese Zyklisierungsmethode zur modularen Synthese von Imidazoliumsalzen wurde von GLORIUS et al. entwickelt.[17] Zwar lief die Synthese erfolgreich ab, jedoch gab es Probleme bei der Zyklisierung, sofern das Bromoketon Spuren an Verunreinigungen enthielt. Die von IMes und IPr abgeleiteten Cholesterolderivate und deren daraus gebildeten Goldkomplexe konnten in einem abschließenden Schritt in guten bis exzellenten Ausbeuten synthetisiert werden.

Für den Einsatz in der mizellaren Katalyse wurde ein in der Gruppe zuvor entwickeltes Protokoll genutzt.[31] Als Modellsubstrat wurde Diphenylacetylen eingesetzt, welches in der Gold katalysierten Addition von Wasser zu Desoxybenzoin umgesetzt wird (Tabelle 1).

Tabelle 1: Einsatz der Goldkomplexe **47a** und **47b**.

Nr	[Au]	Lösungsmittel	T	Umsatz*	Ausbeute*
1	47a	H$_2$O/1,4-Dioxan	80 °C	23%	15%
2	48a	H$_2$O/1,4-Dioxan	80 °C	35%	39%
3	47b	H$_2$O/1,4-Dioxan	80 °C	0%	0%
4	48b	H$_2$O/1,4-Dioxan	80 °C	0%	0%
5	47a	H$_2$O, SDS (2.5 w%)	50 °C	90%	60%
6	48a	H$_2$O, SDS (2.5 w%)	50 °C	26%	5%
7	47b	H$_2$O, SDS (2.5 w%)	50 °C	21%	6%
8	48b	H$_2$O, SDS (2.5 w%)	50 °C	0%	0%

*: Bestimmt durch GC-FID (Mesitylen als Standard).

Für die Katalyse wurden zusätzlich die Kontrollkomplexe von IPr (**48a**) und IMes (**48b**) synthetisiert und eingesetzt, um einen Vergleich mit etablierten Komplexen herstellen zu können. In den Einträgen 1 bis 4 wurden die vier Komplexe zunächst auf ihre Reaktivität in einem herkömmlichen Lösungsmittelgemisch aus Wasser und 1,4-Dioxan getestet. Dabei ist zu erkennen, dass der IPr-Komplex **48a** deutlich reaktiver ist als der Komplex aus Cholesterol **47a**. Für die IMes-Komplexe sind weder der Cholesterol- noch der Kontrollkomplex reaktiv.

Für eine mizellare Katalyse wird der Zusatz eines Detergens benötigt. Es wurde Natriumdodecylsulfat (SDS) gewählt, da es eine negative Ladung trägt und somit stabilisierende Ionenpaarwechselwirkungen mit den kationischen Komplexen eingegangen werden können (Einträge 5 bis 8). Bemerkenswert ist dabei der Eintrag 5. Für den Komplex **47a** steigt der Umsatz um das Vierfache auf 90% und auch die Ausbeute an Desoxybenzoin ist mit 60% ebenfalls vervierfacht worden. Der Kontrollkomplex hingegen liefert deutlich schlechtere Ergebnisse für Umsatz und Ausbeute als im Wasser/1,4-Dioxan-Gemisch. Aufgrund des hohen unpolaren Anteils im Rückgrat und der kationischen Kopfgruppe des Cholesterolderivates ist anzunehmen, dass es durch Zugabe von SDS Mizellen ausbilden kann, welche die katalytische Wirkung des Golds begünstigen. Dieser Effekt lässt sich auch für den Komplex **47b** beobachten – hierbei wird die Reaktivität von 0% auf 21% Umsatz und 6% Ausbeute gesteigert. Das Ergebnis ist zwar deutlich schlechter als im Fall von **47a**, jedoch deutet es ebenfalls auf eine unterstützende Wirkung der Katalyse durch den Einsatz von SDS hin. Eventuell wird durch die andere Kopfgruppe eine geringere Inkooperativität mit SDS erreicht, wodurch die schlechteren Ergebnisse resultieren könnten.

Die Ergebnisse in Tabelle 1 zeigen generell einen vielversprechenden Anfang für die mizellare Goldkatalyse mit von Cholesterol abgeleiteten NHC-Liganden. Jedoch müssten weitere Experimente durchgeführt werden wie beispielsweise die Substratbreite zu ermitteln, die Kopfgruppen R oder die Reaktionsbedingungen zu ändern.

Um Zugang zu den alkylischen Kopfgruppen für sowohl Tests in der Goldkatalyse als auch die biochemische Anwendung zu bekommen, wurde ein weiterer Syntheseplan gewählt (Schema 14). Ausgangspunkte für die Synthese sollten die bereits in Schema 13 gezeigten Verbindungen **45** und **46** sein. Ziel der Synthese ist es dabei zunächst das Diketon **49** zu synthetisieren, um ausgehend von dieser Verbindung das entsprechende Imidazol zu erhalten. Durch anschließende Alkylierungen könnten unterschiedliche Alkylgruppen und somit verschiedene Verbindungen gewonnen werden.

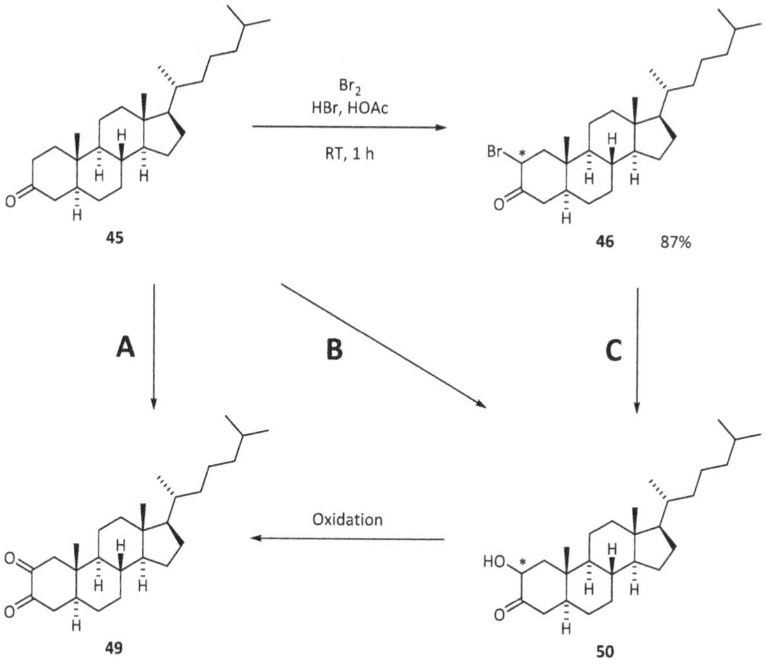

Schema 14: Syntheseplan zur Synthese des Diketons **49**.

Insgesamt wurden drei verschiedene Syntheserouten durchgeführt. Für die Syntheseroute **A** wurde eine Oxidation durch Selendioxid und Essigsäureanhydrid gewählt.[46] Analog zu der in der Publikation beschriebenen Oxidation von Campher sollte auf diese Weise das Diketon **49** dargestellt werden können. Eine Kontrolle der Reaktion mittels ESI-MS zeigte zwar einen vollständigen Umsatz des Startmaterials, jedoch konnte das gewünschte Produkt nicht gefunden werden. Dieser Ansatz wurde daraufhin nicht weiter verfolgt.

COREY et al. beschrieben die Synthese des α-Hydroxyketons **50** ausgehend von Cholestanon zur Synthese von Dialdehyden.[47] Hierfür nutzten sie eine L-Prolin-katalysierte Nitroso-Aldolreaktion mit Nitrosobenzene, um in α-Position zum Keton eine Hydroxygruppe einzufügen. In der Syntheseroute **B** sollte diese Synthese wiederholt werden, um das gebildete Hydroxyketon **50** durch Oxidation in das Diketon **49** überführen zu können. Da jedoch keine vergleichbaren Ergebnisse erzielt werden konnten, wurde ein dritter Syntheseweg **C** ausgehend von dem Bromoketon **46**, welches zuvor für die Synthese der Imidazoliumsalze **43a** und **43b** eingesetzt wurde, genutzt. Die unterschiedlichen Experimente sind in Tabelle 2 dargestellt.

Tabelle 2: Synthese des Hydroxyketons **50** ausgehend von **46**.

Nr	Bedingungen	Ergebnis
1[48]	NaI, DMSO, O_2, 150 °C, 6 h	weder **46** noch **50** im ESI-MS
2[49]	H_2O, Mikrowelle	Spuren von **50** im ESI-MS
3[50]	K_2CO_3, $Ac_2O:H_2O$ (V=1:1), 45 °C, 15 h	weder **46** noch **50** im ESI-MS
4[50]	K_2CO_3, $Ac_2O:H_2O$ (n=1:1), 45 °C, 15 h	weder **46** noch **50** im ESI-MS
5[50]	K_2CO_3, Aceton:H_2O (V=1:1), 45 °C, 15 h	**50** im ESI-MS; nicht im NMR sichtbar
6[50]	K_2CO_3, Aceton:H_2O (n=1:1), 45 °C, 15 h	99% an **50** isoliert

Weder der Ansatz für den Eintrag 1 noch der für Eintrag 2 führten zum gewünschten Produkt. In der Arbeit von RODRÍGUEZ und JIMÉNEZ *et al.* wurde Hecogenin verwendet, wofür die Synthese dessen Bromoketons und der daraus folgenden Synthese des Hydroxyketons genutzt wurde.[50] Da es sich bei Hecogenin wie auch bei Cholesterol um Steroide handelt und somit eine strukturelle Ähnlichkeit vorliegt, wurde dieser Syntheseansatz hier verwendet. Da aus der Publikation jedoch nicht eindeutig hervor ging, ob Essigsäureanhydrid oder Aceton genutzt wurde sowie das Verhältnis eines der beiden zu Wasser nicht definiert wurde, wurden vier verschiedene Variationen getestet (Einträge 3 bis 6). Es wurde das Verhältnis von Wasser zu einem der beiden organischen Substanzen in Bezug auf die Volumen- bzw. Stoffmengengleichheit variiert. In beiden Varianten mit Essigsäureanhydrid konnte nach der Reaktion weder Startmaterial noch das gewünschte Produkt massenspektrometrisch nachgewiesen werden (Einträge 3 und 4). Lediglich die beiden Ansätze mit Aceton lieferten ein Produktsignal. Wurde ein volumengleiches Verhältnis gewählt (Eintrag 5), konnte das Produkt durch wässrige Aufarbeitung nicht isoliert werden. Für den Fall, dass die Stoffmengen gleichgesetzt wurden (Eintrag 6), konnte das Produkt in 99% Ausbeute isoliert werden, so dass dieser Ansatz für die Synthese des Hydroxyketons genutzt wurde.

Um den Syntheseweg **C** zu vervollständigen, musste das Hydroxyketon zum Diketon oxidiert werden.

Tabelle 3: Synthese des Diketons **50** ausgehend von **49**.

Nr	Bedingungen	Ergebnis
1[51]	VOCl$_3$, O$_2$, MeCN, RT, 2 Tage	50 im NMR nicht mehr sichtbar
2[51]	VOCl$_3$, O$_2$, MeCN, RT $\rightarrow$ 65 °C, 2 Tage	50 im NMR nicht mehr sichtbar
3[51]	VOCl$_3$, O$_2$, MeCN + CH$_2$Cl$_2$, RT, 2 Tage	50 im NMR nicht mehr sichtbar
4[51]	VOCl$_3$, O$_2$, CH$_2$Cl$_2$, RT, 2 Tage	50 im NMR nicht mehr sichtbar
5	MeCN, Luft, 50 °C, 2 Tage	nur Startmaterial im NMR
6[52]	SIBX, EtOAc, reflux., 4 h	50 im NMR nicht mehr sichtbar
7[53]	NaOH, MeOH, RT, 19 h	nur ein Signal im NMR

Zunächst wurde die Oxidation mit Vanadiumoxidtrichlorid getestet, welche bereits bei der Synthese des Diketons für die NHCs mit langen Alkylketten im Rückgrat erfolgreich eingesetzt werden konnte.[40, 51] Der Erfolg der Reaktion wurde mittels NMR bestimmt, da erwartet wird, dass das Signal für das in Abbildung 22 markierte Proton (4.23 ppm, dd) nach der Oxidation verschwunden sein sollte.

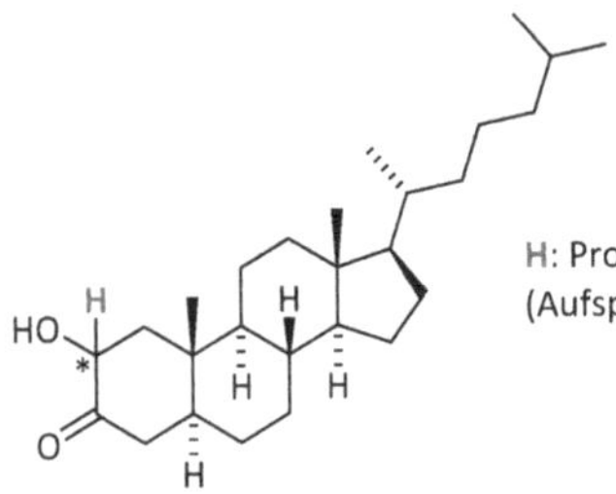

H: Protonsignal bei 4.23 ppm
(Aufspaltung zum dd)

50

Abbildung 22: Markierung des zu untersuchenenden Protonsignals.

Die Reaktion wurde zunächst in Acetonitril durchgeführt (Einträge 1 und 2). Aufgrund der sehr schlechten Löslichkeit des Startmaterials - auch bei höheren Temperaturen - wurde Dichlormethan bis zur Lösung der Substanz hinzugefügt, um die Löslichkeit zu verbessern (Eintrag 3). Außerdem wurde die Reaktion nur in Dichlormethan durchgeführt, was die Löslichkeit deutlich verbesserte (Eintrag 4). In allen vier Fällen ist eine Farbänderung der Vanadiumspezies von braun zu grün zu beobachten, wobei die Braunfärbung über Nacht zurückkehrte. Nach wässriger Aufarbeitung konnte zwar in allen vier Fällen beobachtet werden, dass das Protonsignal bei 4.23 ppm verschwand, die restlichen Signale konnten jedoch nicht eindeutig zugeordnet werden. Des Weiteren konnte bei einer dünnschichtchromatographischen Kontrolle keine Veränderung zum Startmaterial festgestellt werden. Zusätzlich war auffällig, dass sich die NMR-Proben nicht vollständig in den deuterierten Lösungsmitteln lösten. Dabei blieb ein weißer Feststoff zurück, der nicht zugeordnet werden konnte. Außerdem waren die Signale im NMR nicht sonderlich intensiv, so dass davon auszugehen ist, dass das Produkt nur zu einem sehr geringen Anteil vorliegt. Der weiße Feststoff ist vermutlich einer Verunreinigung zuzuordnen.

Da sich auf der Dünnschichtchromatographie-Karte bereits in der Hydroxyketon-Probe mehrere Punkte erkennen lassen, sowie die klaren NMR-Proben sich über Nacht oftmals braun färbten, wurde vermutet, dass dieses bereits an Luft zum Diketon oxidiert wird. Aus diesem Grund wurde **50** in Acetonitril über Nacht unter Luftzufuhr gerührt (Eintrag 5). Nach Aufarbeitung konnte im NMR jedoch nur Startmaterial festgestellt werden. Zusätzlich wurde ein NMR-Experiment mit dem Hydroxyketon durchgeführt, um die eventuelle Oxidation an Luft zu verfolgen. Hierfür wurde die Probe zunächst in einer Argonatmosphäre vermessen. Es konnte kein Unterschied zum Startmaterial festgestellt werden, auch nachdem die Probe in der Argonatmosphäre über Nacht belassen und erneut vermessen wurde. Nach Austausch der Atmosphäre zu Sauerstoff und einer Wartezeit von 24 h wurde erneut ein NMR aufgenommen. Es wurde nun vermutet, dass eine Umsetzung zum Diketon zu beobachten sei, jedoch entsprach das NMR-Spektrum wiederum dem des Startmaterials, so dass die Oxidation an Luft nicht weiter behandelt wurde.

Als Alternative zu der oben genannten Oxidation mit Vanadiumoxidtrichlorid wurde eine Oxidation mit stabilisierter Iodoxybenzoesäure (SIBX) durchgeführt (Eintrag 6). Dünnschichtchromatographische Kontrollen während der Reaktion ließen auf keine Veränderung schließen. Auch die Aufnahme eines NMR-Spektrums nach Aufarbeitung der Reaktionslösung ergab das gleiche Ergebnis wie für die Oxidation mit Vanadiumoxidtrichlorid. Eine genaue Zuordnung der Signale konnte nicht vorgenommen werden. Zusätzlich war auch hier die Probe nicht vollständig löslich.

TANG et al. beschrieben 2009 die Umsetzung von Maslinsäure, einschließlich der Synthese des Diketons aus dem Hydroxyketon.[53] Durch Umsetzung mit Natronlauge in Methanol erhielten sie das Diketon in Ausbeuten von 97%. Da es sich bei Maslinsäure wie auch bei Cholesterol um ein Steroid handelt, sollte die Synthese auf Cholesterol übertragbar sein. Bereits nach kurzer Zeit konnte eine gelbliche Färbung der Lösung beobachtet werden. Die wässrige Aufarbeitung hingegen erwies sich als schwierig. Das gewünschte Produkt konnte durch Extraktion mit Chloroform nicht in die organische Phase überführt werden. Das NMR-Spektrum des aus der wässrigen Phase gewonnenen Feststoffes lieferte lediglich einen Wasser-Peak im Spektrum. Durch Vergleich mit dem Startmaterial konnten zwar im Baseline-Bereich des Spektrums Cholesterolsignale ausfindig gemacht werden, jedoch konnten diese weder dem Startmaterial noch dem Produkt zugeordnet werden.

Die Synthese wurde ein zweites Mal unter den gleichen Bedingungen durchgeführt, wobei sich das Produkt im ESI-MS nachweisen ließ. Allerdings konnte zusätzlich das Cholestanon **45** im ESI-MS detektiert werden, welches das intensivste Signal lieferte. Nach Extraktion mit Chloroform konnten 20 mg eines Gemisches aus dem gewünschten Produkt **49**, dem Cholestanon **45** und geringen Mengen an nicht umgesetzten Startmaterial im ESI-MS gefunden werden. Generell lässt sich fest halten, dass sich das Diketon zwar synthetisieren lässt, dessen Synthese aber optimiert werden muss. Da diese Verbindung aber notwendig ist, um zu den alkylischen Verbindungen mit Cholesterol im Rückgrat des NHCs zu gelangen, sollte dieser Ansatz weiter verfolgt werden. Eine Möglichkeit zur Verbesserung der Synthese liefert der von IVONIN et al. veröffentlichte Ansatz.[54] Durch den Einsatz einer Base in Ethanol in Sauerstoffatomosphäre konnten sie Benzoine „isomerisieren". Jedoch beobachteten sie, dass gleiche Bedingungen bei Raumtemperatur anstelle erhöhter Temperatur die Diketone der eingesetzten Verbindungen lieferten. Dieses könnte zur gezielten Synthese der Diketone genutzt werden.

Eine weitere Möglichkeit zur Synthese des Imidazoliums mit benzylischen Substituenten sollte die Synthese des Benzylformamidins vorgenommen werden, um dieses analog zur Synthese von **43a** und **43b** mit dem Bromketon **46** zu zyklisieren. Die Synthese alkylischer Formamidine erweist sich aufgrund von geringen Stabilitäten jedoch als schwierig. CAVELL *et al.* zeigten 2013 die Synthese von alkylischen Formamidinen.[55] Dabei wurde anstatt der herkömmlichen katalytischen Menge an Säure ein Äquivalent dieser eingesetzt und so die Formamidine von Isopropyl und Neopropyl gewonnen. Die Synthese sollte analog mit Benzylamin erfolgen, um so das Formamidin **51** zu erhalten (Schema 15).

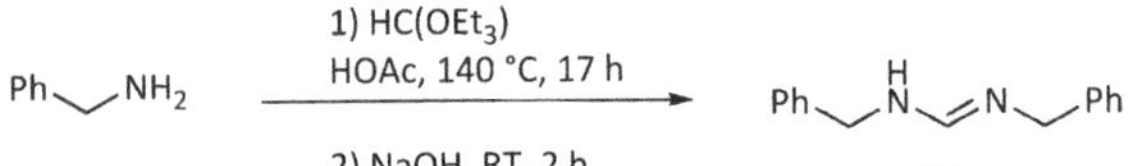

Schema 15: Synthese des Benzylformamidins.

In einem ersten Experiment konnte das Produkt im ESI-MS nachgewiesen werden, jedoch zeigte das NMR einige Kontaminationen. Der Anteil an Formamidin betrug ca. 50%, so dass die Mischung für einen Zyklisierungsversuch eingesetzt wurde. Auch hier konnte im ESI-MS das Produkt beobachtet werden, jedoch wurde kein voller Umsatz erreicht. Nach weiteren 24 h Reaktionszeit wurde im ESI-MS ein Masse-zu-Ladungsverhältnis mit einer Differenz von zwei im Vergleich zum Produkt gefunden. Es wird vermutet, dass die bestehende Verunreinigung zu dem Misserfolg der Zyklisierung führte, so dass in einem zweiten Ansatz eine säulenchromatographische Reinigung, welche zuvor aus möglichen Zerfallsprozessen während der Aufreinigung ausgeschlossen wurde, durchgeführt werden sollte. In dem zweiten Ansatz konnte erneut das Produkt im ESI-MS beobachtet werden, jedoch konnte das Produkt durch die Säulenchromatographie nicht isoliert werden, so dass dieser Ansatz nicht weiter verfolgt wurde.

2.2.2 Cholesterol als Substituent am Stickstoffatom (II)

Eine weitere Klasse der Cholesterol-basierten NHCs wird dargestellt durch die Verbindungen, welche den Cholesterol-Baustein als Substituent am Stickstoff tragen (Abbildung 23).

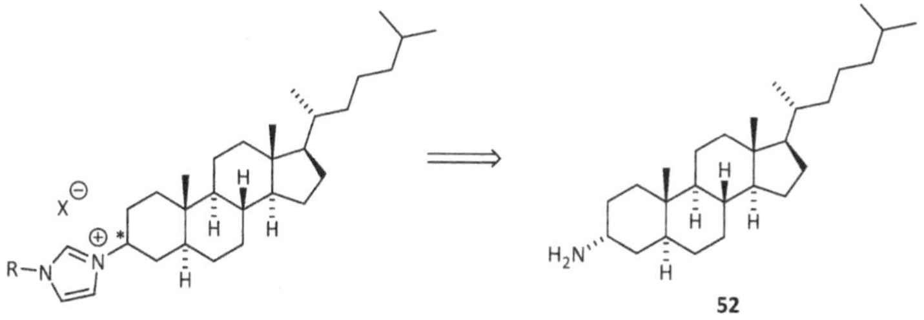

Abbildung 23: Cholesterol-basiertes NHC sowie dessen Synthesebaustein.

Dabei kann der Rest sowohl für ein weiteres Cholesterol-Molekül als auch für andere alkylische oder aromatische Reste stehen. Zum Aufbau des Imidazolium-Kerns wird das entsprechende Amin als Ausgangssubstrat benötigt. KNÖLKER et al. beschrieben 2013 die Synthese des Amins zur Verwendung als Lipid-Raft-Modulator sowie zur potentiellen Anwendung als Antivirus-Agens.[56] Zunächst wurde die Hydroxyfunktion in eine bessere Abgangsgruppe durch Umsetzung mit Mesylchlorid überführt (Schema 16).

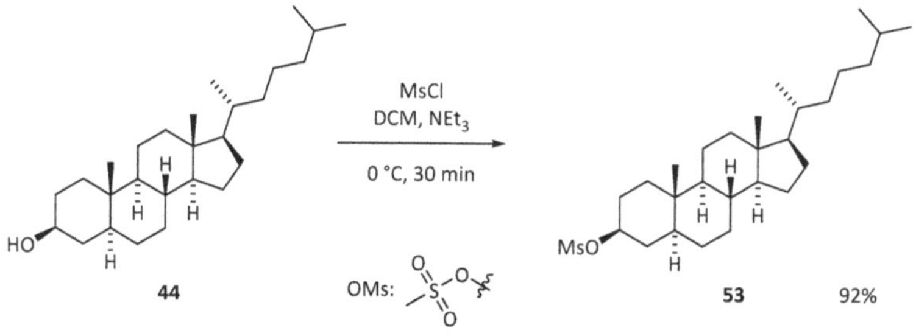

Schema 16: Umsetzung des Cholestanols zu 53.

Die Synthese der Verbindung 53 wurde durch GANDOUR et al. beschrieben.[57] Hingegen ihrer Vorschrift erwies es sich für die nachfolgende Umsetzung zum Azid am besten, 53 durch Säulenchromatographie zu reinigen. Aufgrund der deutlich besseren Abgangsgruppe kann nun eine nukleophile Substitution durch Natriumazid erfolgen, wodurch das Azid 54 in 95% Ausbeute dargestellt wird.

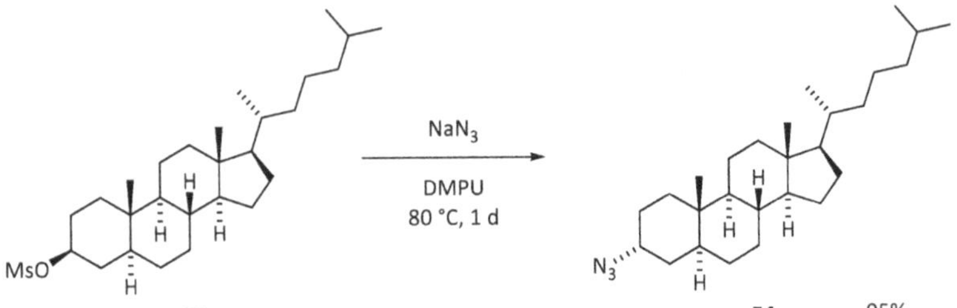

Schema 17: Darstellung des Cholesterolazides **54**.

Die zuvor durchgeführte säulenchromatographische Aufreinigung von **53** erhöhte die Ausbeute des Azids **54** von 30% auf 95%. Als letzter Schritt zur Synthese des Amins wird das Azid reduktiv gespalten. Dabei wurde zum einen die Hydrierung mittels Lithiumaluminiumhydrid getestet, welche zwar die Umsetzung zum Amin ermöglichte, jedoch eine Mischung der zwei möglichen Stereoisomere lieferte. Alternativ wurde die Synthese mit Hilfe von Palladium auf Kohle durchgeführt, wobei das Amin mit 90% Ausbeute gewonnen werden konnte, sowie im NMR nur ein Stereoisomer sichtbar war.

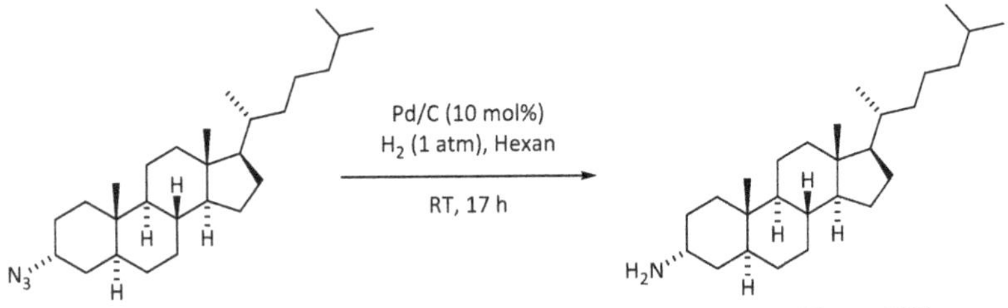

Schema 18: Hydrierung des Azides **54** zur Synthese von **52**.

Mit dem Amin in Händen konnten Zyklisierungsexperimente zur Synthese des Imidazolkerns durchgeführt werden. Dabei wurde eine Vorschrift von BURGESS et al. verwendet.[58]

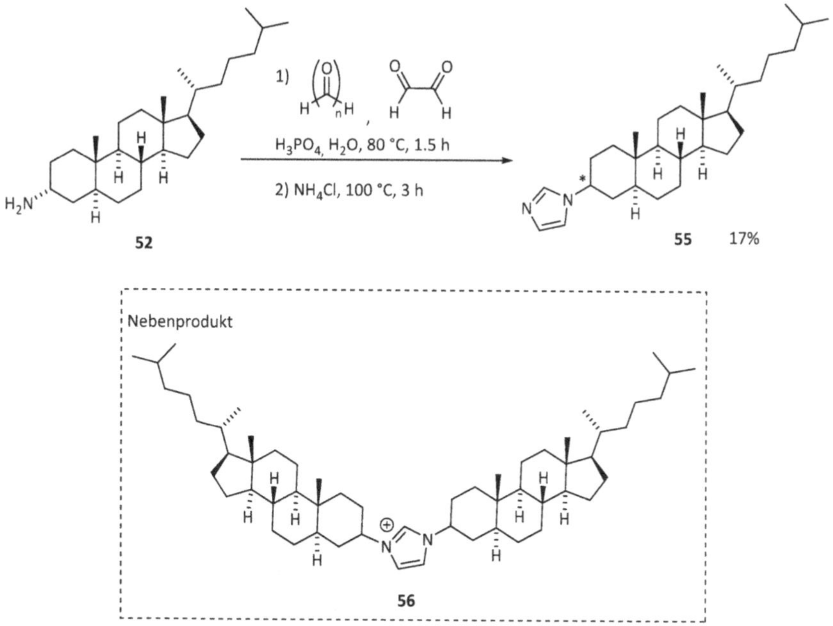

Schema 19: Darstellung des Imidazols 55.

Die Ausbeute für das Imidazol betrug 17%. Es konnte jedoch kein vollständiger Umsatz des Startmaterials gewährleistet werden. Des Weiteren konnte das disubstituierte Imidazoliumsalz 56 im ESI-MS-Spektrum detektiert werden. Dieses ließ sich durch säulenchromatographische Aufreinigung allerdings leicht abtrennen. Es konnte zwar nur eine Imidazolspezies im NMR festgestellt werden, jedoch wurde das Stereozentrum nicht eindeutig bestimmt. Für die Synthese der Imidazoliumsalze lässt sich das Imidazol mit Alkylhalogeniden umsetzen. Zur Untersuchung der Reaktivität wurde die Methylierung mit Methyliodid gewählt, bei welcher das methylierte Produkt 57a in ca. 78% Ausbeute gewonnen werden konnte. Es ist dabei zu erwähnen, dass zwar nur eine Imidazoliumspezies im NMR sichtbar ist, jedoch weist der alkylische Bereich leicht erhöhte Intensitäten auf, was auf Verunreinigungen hindeutet, welche allerdings nicht zugeordnet werden konnten.

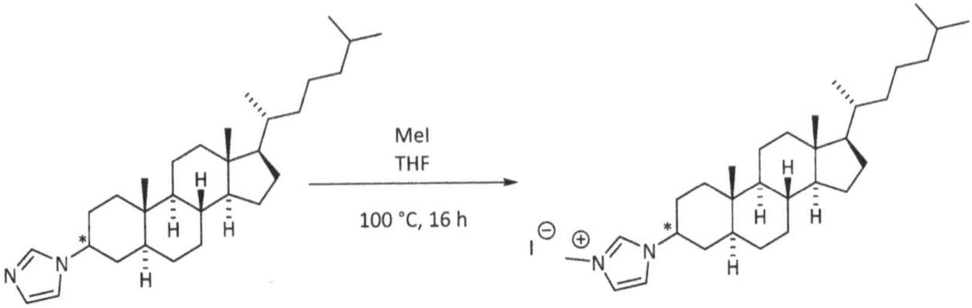

Schema 20: Synthese des Imidazoliumsalzes **57a** ausgehend vom Imidazol.

Außerdem wurde eine Eintopfsynthese ausgehend vom Amin **52** durchgeführt. Dabei wurde das Imidazol zwar wässrig aufgearbeitet jedoch nicht säulenchromatographisch abgetrennt. Der Erfolg der Synthese konnte anhand von ESI-MS bestätigt werden, jedoch war die Umsetzung wie zuvor nicht vollständig, so dass auch die Aminspezies alkyliert wurde und mono- und dialkylierte Verbindungen detektiert werden konnten. Ebenfalls wurde auch hier die disubstituierte Spezies **56** gebildet. Das Produkt ließ sich durch eine Säulenchromatographie nicht von diesen Nebenprodukten abtrennen.

Aufgrund der geringen Ausbeute für die Zyklisierung des Amins sowie der erschwerten Isolierung der Produkte, wurde nach einer weiteren Synthese gesucht, bei der der Aufbauprozess des Imidazolkerns vermieden werden sollte.

2007 veröffentlichten Li *et al.* ein Patent zur Synthese von ionischen Flüssigkeiten aus der direkten Synthese eines Imidazols mit den zu kuppelnden zyklischen Halogenalkanen.[59] Dieser Ansatz sollte anwendbar für die Synthese der Cholesterol-basierten Strukturen sein, in dem das bereits für die vorherige Synthese eingesetzte Mesylcholesterol **53** verwendet wird (Tabelle 4).

Tabelle 4: Synthese des Imidazoliums **57b**.

| | | 53 | | | 57b |

Nr	Bedingungen	Ergebnis
1	1 Äquiv. NMI, 0.1 M THF, 80 °C, 5 Tage	Kein vollständiger Umsatz; Produkt nicht isolierbar
2	125 Äquiv. NMI, 80 °C, 20 h	**57b** nicht isolierbar
3	50 Äquiv. NMI, 80 °C, 15 h	51% an **57b** isoliert
4	25 Äquiv. NMI, 80 °C, 15 h	57% an **57b** isoliert

NMI: 1-Methylimidazol.

Zunächst wurde ein Verhältnis von 1:1 zwischen dem Mesylcholesterol und dem Imidazol gewählt (Eintrag 1). Die Lösung wurde bei 80 °C gerührt und mittels ESI-MS der Erfolg der Reaktion detektiert. Allerdings konnte selbst nach fünf Tagen kein vollständiger Umsatz erreicht werden, so dass das gebildete Produkt abgetrennt werden sollte. Dieses erwies sich als schwierig, da das Produkt zwar mittels ESI-MS detektiert werden konnte, vermutlich jedoch nicht mit hohem Anteil vorlag. Alternativ wurde die Reaktion ohne Lösungsmittel durchgeführt, da vermutet wurde, dass das Lösungsmittel die Reaktion verlangsamt oder eine Eliminierung von Methansulfonsäure ermöglicht (Eintrag 2). Es wurde ein hoher Überschuss an 1-Methylimidazol gewählt, um **53** lösen zu können. Nach bereits 20 h konnte eine vollständige Umsetzung des Edukts erreicht werden, so dass eine säulenchromatographische Trennung vom überschüssigen Imidazol vorgenommen werden sollte. Aufgrund der großen Mengen an Imidazol konnte das Produkt jedoch nicht erfolgreich abgetrennt werden, so dass in einem weiteren Ansatz die Menge an 1-Methylimidazol auf 50 Äquivalente reduziert wurde (Eintrag 3). Wie zuvor konnte ein voller Umsatz nach bereits 15 h erreicht werden. Nach erfolgreicher säulenchromatographischer Trennung konnte das Produkt in 51% Ausbeute isoliert wer-

den. Auch bei nur 25 Äquivalenten an 1-Methylimidazol konnte das Produkt gewonnen werden, wobei die Ausbeute sogar etwas höher war (57%) (Eintrag 4).

Daraufhin wurden weitere Imidazole zur Synthese dieser Verbindungsklasse gewählt. Dabei ist zu beachten, dass die Imidazole bei 80 °C schmelzen sollten, um
die Reaktion gewährleisten zu können. Zu hohe Temperaturen sollten vermieden
werden, um eine Eliminierung von Methansulfonsäure und somit die Bildung des
Alkens zu vermeiden. Die in Abbildung 24 dargestellten Verbindungen konnten in
moderaten bis guten Ausbeuten gewonnen werden. Der Anteil an jeweiligen
Imidazol konnte auf 10 Äquivalente reduziert werden. Zusätzlich konnte das eingesetzte Imidazol teilweise im Reinigungsprozess wieder zurückgewonnen werden.
Im Falle von beispielsweise 1-Cyclohexylimidazol konnten, wenn davon ausgegangen wird, dass nur eines der 10 Äquivalente verbraucht wird für die Imidazoli-
umsynthese, 78% des überschüssigen Imidazols zurück gewonnen werden.

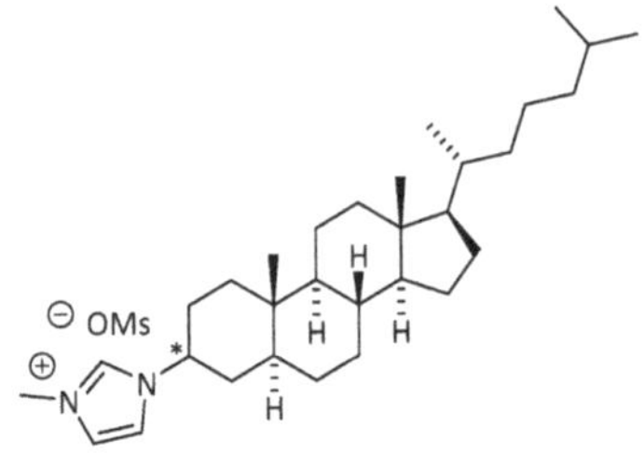

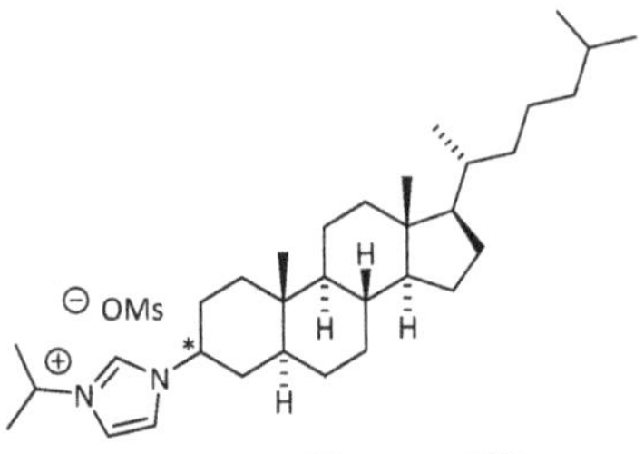

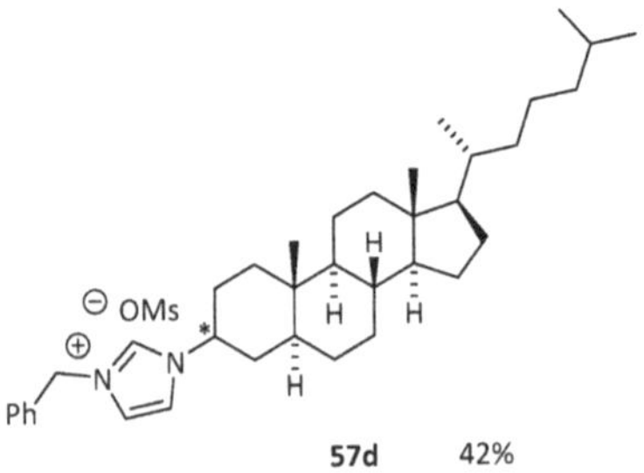

Abbildung 24: Struktur der synthetisierten Imidazoliumsalze.

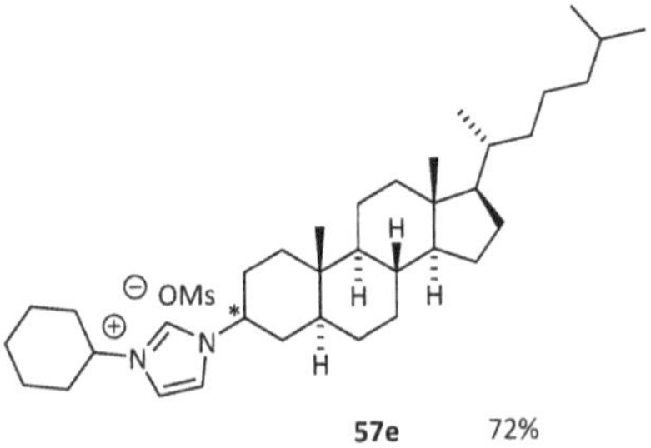

Zusätzlich wurde versucht, Zugang zu den aromatischen Resten zu gewinnen. Dafür wurde 1-Mesitylimidazol gewählt. Hingegen der für die obigen Strukturen eingesetzten Imidazole schmilzt 1-Mesitylimidazole nicht bei 80 °C. Deswegen wurde
eine Temperatur von 100 °C gewählt, da bei höheren Temperaturen eine Eliminie-

rung befürchtet wurde. Auch bei dieser Temperatur konnte nur eine Schmelze statt einer Lösung erreicht werden. Allerdings ließ sich nach 16 h Stundenreaktionszeit kein Startmaterial, aber das Produkt im ESI-MS-Spektrum nachweisen. Die Aufarbeitung erfolgte unter den gleichen Bedingungen wie bei den bereits isolierten Verbindungen. Das Produkt konnte auch im NMR nachgewiesen werden, jedoch zeigten sich einige Kontaminationen, welche nicht zugeordnet werden konnten.

Wie auch bei den Verbindungen aus Kapitel 2.2.1 sollte ein Goldkomplex synthetisiert werden, welcher in der mizellaren Katalyse eingesetzt werden könnte. Dafür wurde das Imidazolium **57b** gewählt.

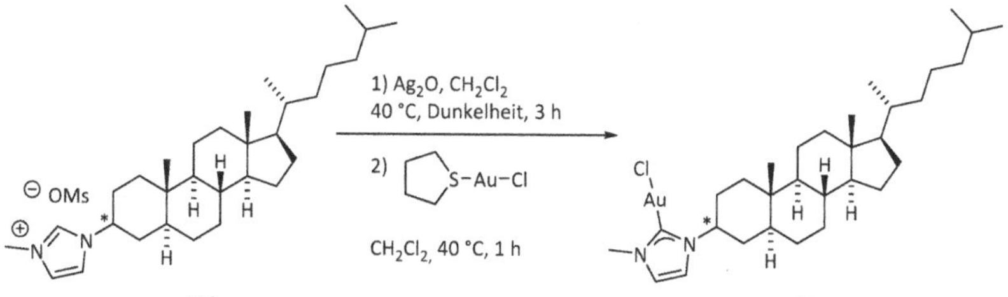

Schema 21: Synthese des Goldkomplexes **58**.

Der Goldkomplex konnte synthetisiert werden, was sich anhand von ESI-MS- und NMR-Spektren bestätigen ließ. Jedoch konnte im NMR noch freier Ligand nachgewiesen werden, welcher durch eine zweite Säule nicht abgetrennt werden konnte. Durch weitere Optimierungen der in Schema 21 beschriebenen Reaktion sollte ein voller Umsatz erreicht werden können, um so die Abtrennung zu erleichtern.

Die Imidazoliumsalze **57b** und **57d** wurden für Filmwaage-Messungen eingesetzt, um herauszufinden, ob die beiden Substanzen stabile Monoschichten aufbauen können. Die Messungen wurden von D. Wang (AK Galla) durchgeführt. Als Referenzsubstanz wurde das Phospholipid Dipalmitoylphosphatidaylcholin (DPPC) verwendet. Es wurden sowohl die Reinsubstanzen als auch die Mischungen aus DPPC und dem eingesetzten Imidazoliumsalz vermessen, wobei vier Mischungen unterschiedlichen Imidazoliumanteils gewählt wurden. Die Gesamtkonzentration aller Mischungen betrug 1 mM. 72 μL MilliQ-Wasser und 15 μL der Mischung wurden in das Messgerät eingefüllt, die Lösung 10 min eintrocknen gelassen, um das organische Lösungsmittel zu verdampfen, und die Isothermen bei 20 °C aufgenommen. Jede Messung wurde drei Mal durchgeführt, um eine Reproduzierbarkeit der Ergebnisse gewährleisten zu können.

Die Ergebnisse für das Imidazoliumsalz **57b** sind in Abbildung 25 dargestellt. Es wird der Einfluss der Flächenreduktion pro Molekül auf den Oberflächendruck (Druck-Flächen-Isotherme) dargestellt.[60]

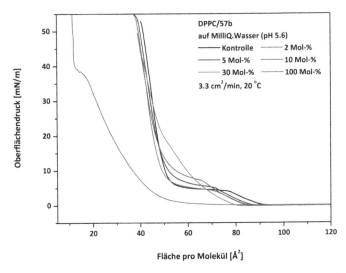

Abbildung 25: Filmwaagemessungen für gemischte Monoschichten aus DPPC und **57b**.

*Kontrolle: DPPC, 2 Mol-%: 2 Mol-% **57b** + 98 Mol-% DPPC, 5 Mol-%: 5 Mol-% **57b** + 95 Mol-% DPPC, 10 Mol-%: 10 Mol-% **57b** + 90 Mol-% DPPC, 30 Mol-%: 30 Mol-% **57b** + 70 Mol-% DPPC, 100 Mol-%: **57b**.*

Messung an der Luft/Wasser-Grenzfläche bei 20 °C, pH-Wert: 5.6.

Für die Kontrollmessung sowie die Zusammensetzungen bis zu 10 Mol-% an **57b** lässt sich ein leichter Anstieg des Oberflächendrucks bei Reduktion der Oberfläche bis etwa 80 $Å^2$ Fläche erkennen, wo ein Plateau erreicht wird. Anschließend erfolgt ein deutlich stärkerer Anstieg des Oberflächendrucks ab einer Fläche von etwa 45 $Å^2$. Eine Erhöhung des Oberflächendrucks resultiert aus der Komprimierbarkeit und somit Wechselwirkung der Moleküle miteinander. Dadurch erfolgt eine Ausrichtung der Moleküle, wobei der hydrophobe Teil Richtung Luft und der hydrophile Kopf in Richtung des Wassers zeigt. Ein Plateau wird immer dann gebildet, wenn es zu einer Phasenumwandlung kommt. Bei Komprimierung der Fläche pro Moleküle ohne Druckanstieg erfolgt eine Phasenumwandlung von einer flüssig-expandierten (fluiden) zu einer flüssig-kondensierten (starren) Phase. Die zuvor wenig orientierten Moleküle (fluide) ordnen sich aufgrund der Komprimierung an. Je stärker die Probe komprimiert wird, desto mehr Kontaktfläche entsteht zwischen den Molekülen und desto weniger frei können sich diese bewegen. Dieses erfolgt so lange, bis die Alkylketten nahezu parallel zueinander ausgerichtet sind, so dass ein starres System vorliegt. Eine solche Phasenumwandlung deutet auf attraktive Wechselwirkungen zwischen den Molekülen hin. Die Komprimierung der Lipide ist schematisch in Abbildung 26 dargestellt.

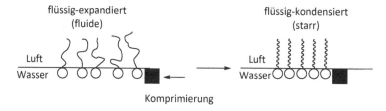

Abbildung 26: Schematische Darstellung der Lipidkomprimierung.

Für 30 Mol-% an **57b** ist dieses Plateau zwar nicht mehr zu erkennen, jedoch erfolgt ebenfalls ein Anstieg des Oberflächendrucks bei Flächenverringerung, so dass auch hier eine Wechselwirkung zwischen den Molekülen auftritt. Die Isotherme für das reine Imidazoliumsalz **57b** erfährt zunächst keinen Oberflächendruckanstieg während der Komprimierung. Ab einer Fläche von etwa 45 $Å^2$ steigt der Oberflächendruck stetig an, wobei ab 20 $Å^2$ Fläche ein sehr kleines Plateau auftritt und darauf der Oberflächendruck steil ansteigt, wobei das Maximum oberhalb von 55 mN/m liegt. Dieses Maximum wird als Kollapsdruck bezeichnet, bei welchem die Moleküle soweit aufeinander zugeschoben wurden, dass sie sich übereinander schichten und dadurch keine Monoschicht mehr vorliegt. Generell erfolgt der Druckanstieg jedoch bei deutlich geringerer Fläche pro Molekül als für die restlichen Mischungen bzw. als für die Kontrolle. Diese Verschiebung deutet auf starke Attraktionen und Wechselwirkungen zwischen den Molekülen hin, die sogar größer sind als für die reine Phospholipidprobe (Kontrolle). Aufgrund stärkerer van-der-Waals-Wechselwirkungen zwischen den Molekülen kann also eine dichtere Packung der Moleküle erreicht und somit eine stabilere Monoschicht aufgebaut werden.

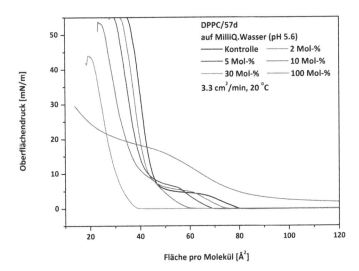

Abbildung 27: Filmwaagemessungen für gemischte Monoschichten aus DPPC und **57d**.

*Kontrolle: DPPC, 2 Mol-%: 2 Mol-% **57d** + 98 Mol-% DPPC, 5 Mol-%: 5 Mol-% **57d** + 95 Mol-% DPPC, 10 Mol-%: 10 Mol-% **57d** + 90 Mol-% DPPC, 30 Mol-%: 30 Mol-% **57d** + 70 Mol-% DPPC, 100 Mol-%: **57d**.*

Messung an der Luft/Wasser-Grenzfläche bei 20 °C, ph-Wert: 5.6.

Für das Benzyl-substituierte Imidazoliumsalz **57d** ergeben die Isothermen für die Kontrollprobe sowie die Mischungen bis 5 Mol-% an Imidazoliumsalz vergleichbare Kurvenverläufe wie zuvor für die Methyl-substituierte Spezies (Abbildungen 25 und 27). Bereits für einen Anteil von 10 Mol-% **57d** liegt quasi keine Plateaubildung mehr vor, jedoch ist auch hier ein Anstieg des Oberflächendrucks zu erkennen. Für einen 30 Mol-%igen Anteil steigt der Oberflächendruck erst ab einer Fläche von 40 Å^2, wobei für kleinere Flächen ein steiler Anstieg des Oberflächendrucks zu erkennen ist. Für 100 Mol-% **57d** erfolgt ein flacher Anstieg des Oberflächendrucks, der jedoch sobald die Komprimierung erfolgt, zu steigen beginnt und sein Maximum bei 30 mN/m besitzt. Die Interaktion zwischen **57d** und DPPC scheint geringer als für **57b** zu sein, da die Plateaubereiche weniger ausgeprägt sind. Dieser Verlust der stabilisierenden Wirkung wird auch an der jeweiligen Reinkurve der Imidazoliumsalze deutlich, da für **57d** eine Zunahme des Oberflächendrucks bereits bei geringster Komprimierung erfolgt. Es scheint, als würde der sterische Anspruch des

Benzyls eine Verringerung der attraktiven Wechselwirkung zwischen den Molekülen bewirken und somit eine dichtere Packung der Moleküle verhindern. Auch die Lage des Kollapsdrucks der zwei Kurven im Vergleich zeigt, dass **57b** stabilere Monoschichten als **57d** ausbaut. Die Monoschichten für **57d** sind flexibel, büßen dafür jedoch an Stabilität ein (Vergleich der beiden siehe Abbildung 28).

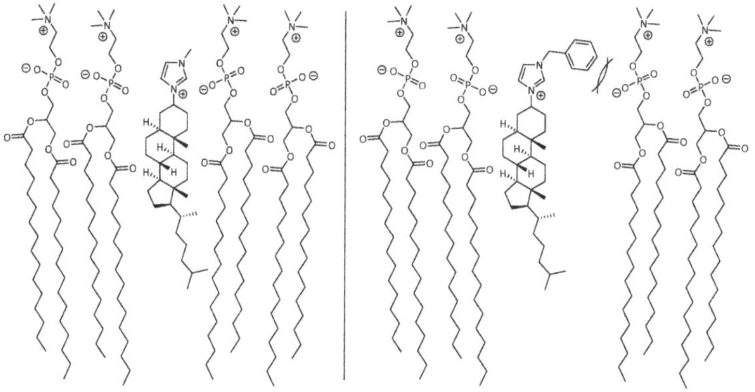

Abbildung 28: Größenanspruchsvergleich der zwei Imidazoliumsalze (links: Monoschicht aus DPPC und **57b**, rechts: Monoschicht aus DPPC und **57d**).

2.3 Campher im Rückgrat des Imidazoliumkerns

Die Synthese der Imidazoliumsalze mit Campher als Biomolekül im Rückgrat sollte wie auch in Kapitel 2.2.1 beschrieben aus dem Bromoketon bzw. Diketon erfolgen.

Zur Synthese dieser Verbindungen wurden literaturbekannte Routen gewählt (Schema 22).[46, 61]

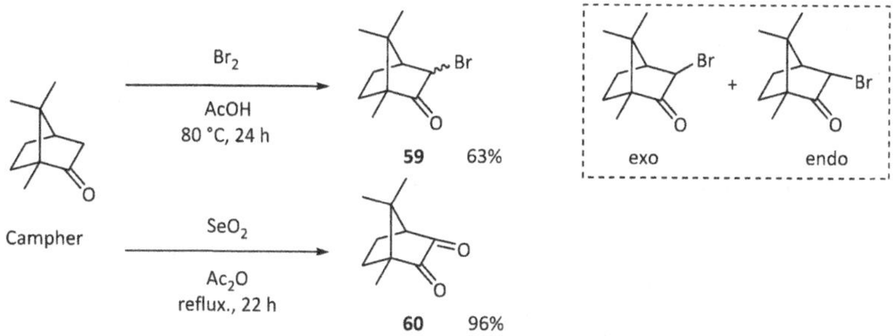

Schema 22: Synthese der Verbindungen **59** und **60**.

Die Synthese der beiden Substrate erfolgte in guten bzw. hohen Ausbeuten. Allerdings konnten vom Bromoketon zwei Isomere im NMR ausgemacht werden, wobei dabei von der exo- und endo-Form ausgegangen werden kann. Aufgrund des sterischen Anspruchs der zwei Methylgruppen und der Größe des Broms wird vermutet, dass die endo-Spezies den Hauptanteil in der Mischung ausmacht (etwa 7:1 - NMR).

Analog zur Synthese von **43a** und **43b** sollte die Zyklisierung des Bromoketons **59** mit einem Formamidin erfolgen. Dafür wurde die Mischung aus den beiden Isomeren verwendet.

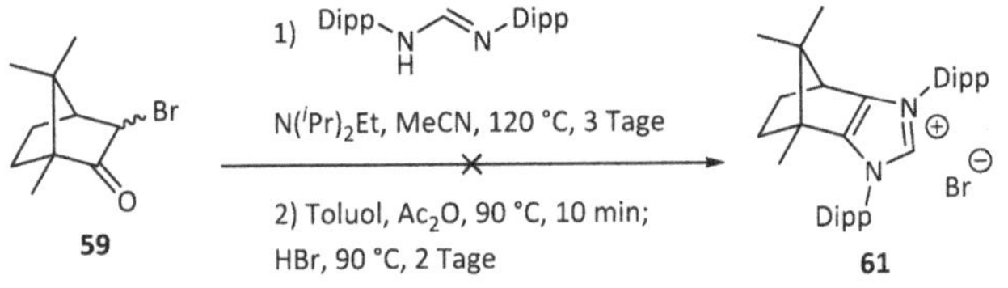

Schema 23: Synthese des Imidazoliums **61**.

Durch Kontrolle mittels ESI-MS konnte kein Umsatz des Bromoketons beobachtet werden. Auch eine Temperaturerhöhung in Schritt 1 auf 130 °C bewirkte keine Reaktion. Für den Test höherer Temperaturen wurde die Reaktion in der Mikrowelle durchgeführt, wobei auch hier durch ESI-MS-Kontrolle kein Umsatz festgestellt werden konnte. Eine Begründung könnte an der Beschaffenheit der Isomere liegen. Im Fall der exo-Form wäre zwar ein nukleophiler Angriff des Formamidins an die C–Br-Bindung sterisch möglich, jedoch würde eine sterische Wechselwirkung der Isopropylgruppen mit den Methylgruppen auftreten (Abbildung 29). Im Fall der endo-Verbindung liegen Carbonylgruppe und C–Br-Bindung auf einer Seite, wodurch bereits der nukleophile Angriff des Formamidins aufgrund sterischer Hinderung erschwert sein könnte. Sollte allerdings ein nukleophiler Angriff erfolgen können, würde auch hier eine sterische Wechselwirkung der Isopropylgruppen mit den Methylgruppen vorliegen (Abbildung 29).

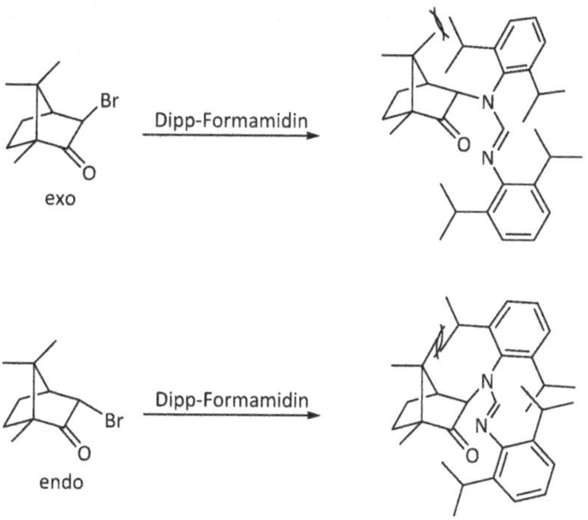

Abbildung 29: Schematische Darstellung der Gründe für die Zyklisierungsprobleme.

Als Alternative zur Synthese der Imidazoliumsalze mit aromatischen Resten am Stickstoff sollte eine Synthese ausgehend von den Diiminen erfolgen. Hierfür wurden zunächst zwei verschiedene Diimine synthetisiert, mit denen darauf verschiedene Zyklisierungsexperimente durchgeführt werden sollten.

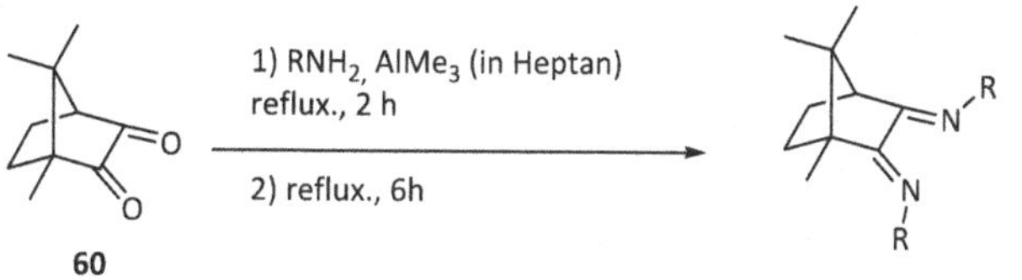

62a: R = Dipp (23%)
62b: R = Mes (53%)

Schema 24: Synthese der Diiminie 62a und 62b.

Für die Zyklisierungsexperimente wurde 62b eingesetzt (Tabelle 5).

Tabelle 5: Zyklisierungsexperimente zur Synthese von **63**.

62b   **63**

Nr	Bedingungen	Ergebnis
1[62]	pFA, HCl$_{Dioxane}$, EtOAc, RT, 16 h	Kein Umsatz
	→ 100 °C, 3 Tage	Minimale Mengen an **63** im ESI-MS
2[63]	pFA, HCl, Toluol, 60 °C, 17 h	Kein Umsatz
	→ 80 °C, 23 h	Minimale Mengen an **63** im ESI-MS
3[64]	pFA, HCl$_{Dioxane}$, ZnCl$_2$, THF, 70 °C, 16 h	Kein Umsatz
	→ 100 °C, 24 h	Kein Umsatz (Zn-Komplex nicht sichtbar)
4[15a]	AgOTf, ClOPiv, CH$_2$Cl$_2$, 60 °C, 12 + 8 h	39% **63a** (X = OTf) isoliert

pFA: para-Formaldehyd.

Zunächst wurde eine Vorschrift von NOLAN *et al.* gewählt (Eintrag 1).[62] Nach 16 h
Reaktionszeit konnte jedoch kein Umsatz des Diimins beobachtet werden, so dass
eine Temperatur von 100 °C gewählt wurde. Da auch dort keine Reaktion nach ei-
nigen Stunden zu beobachten war, wurde die Reaktion für drei Tage bei 100 °C
gerührt, was zwar eine kleine Menge an Produkt im ESI-MS sichtbar werden ließ,
jedoch der Hauptpeak immer noch durch das Startmaterial hervorgerufen wurde.
Daraufhin wurde eine Synthese von HOLLAND *et al.* gewählt (Eintrag 2).[63] Aber
auch hier konnte kein Umsatz beobachtet werden. Eine Temperaturerhöhung auf
80 °C führte wie auch schon bei Eintrag 1 lediglich zu minimaler Produktbildung.
Da vermutet wurde, dass aufgrund der sterisch-anspruchsvollen Mesitylreste die
Zyklisierung erschwert ist, wurde eine weitere Vorschrift von NOLAN *et al.* gewählt,
welche durch den Einsatz von Zinkchlorid eine Zyklisierung auch bei größeren Resten erreichen konnten (Eintrag 3).[64] Wie schon zuvor konnte auch bei Einsatz höherer Temperatur kein Umsatz erreicht werden. Auch der eventuell gebildete Zink-
Komplex mit dem gebildeten Imidazolium als Ligand konnte im ESI-MS nicht nach-

gewiesen werden. Als letztes Experiment wurde die Zyklisierung durch Einsatz von Silbertriflat und Chlormethylpivalat durchgeführt (Eintrag 4).[15a] Das Produkt konnte im ESI-MS detektiert werden. Durch Aufreinigung mittels Säulenchromatographie sollte das Produkt von Edukten und Nebenprodukten abgetrennt werden. Dieses erwies sich jedoch als schwierig aufgrund der Wechselwirkung des Diimins mit dem Produkt. Letztlich konnte das Produkt mit einer Ausbeute von 39% gewonnen werden.

Die Synthese sowie die Zyklisierung mit **62b** wurde ein weiteres Mal durchgeführt.

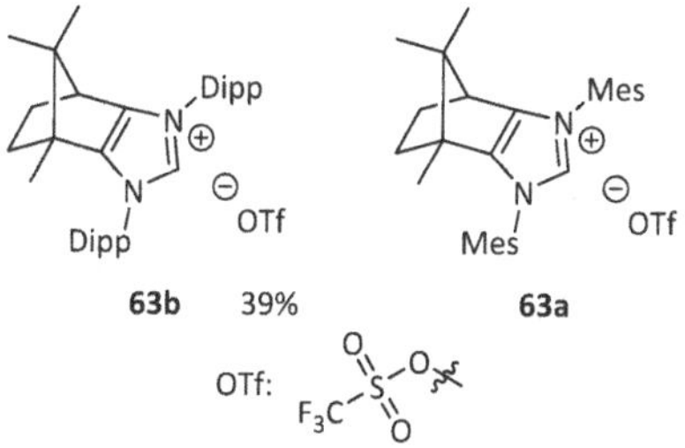

Abbildung 30: Campher-basierte Imidazoliumsalze **63b** und **63a**.

Bei der Reproduktion der Synthese von **63a** (Eintrag 4) für einen größeren Maßstab (1 mmol statt 0.25 mmol) konnte das Produkt im ESI-MS zwar erfolgreich nachgewiesen werden, jedoch ergaben sich Probleme bei der Abtrennung der Diiminspezies vom Produkt. Gleichermaßen verhielt es sich bei der Synthese von **63b**. Zusätzlich lieferte die Verbindung ein nicht auswertbares NMR-Spektrum. Die Signale waren kaum sichtbar sowie verbreitert. Es wurde vermutet, dass sich für die Verbindung aufgrund gehinderter Rotation (sterische Wechselwirkung der Isopropylgruppen mit der Methylgruppe am Brücken-C-Atom) keine gemittelte Struktur einstellen kann, so dass mehrere Rotamere während der NMR-Messung vorliegen, weshalb das Spektrum sehr komplex ausfällt. Deshalb wurde eine NMR-Messung bei 100 °C durchgeführt, um die freie Rotation und somit die Mittelung einer Struktur zu begünstigen. Allerdings blieben die Signale wenig aufgelöst, so dass das NMR-Spektrum nicht ausgewertet und die Verbindung nicht eindeutig identifiziert werden konnte.

Zur Synthese des Campher-basierten Imidazoliums mit alkylischen Resten wurde das Diketon als Ausgangsmaterial eingesetzt. Es wurden unterschiedliche Zyklisierungsexperimente zur Synthese des Imidazols durchgeführt, wobei Ammoniumacetat als Stickstoffquelle und *para*-Formaldehyd als C1-Baustein eingesetzt wurden (Tabelle 6).

Tabelle 6: Zyklisierungsexperimente zur Synthese von **64**.

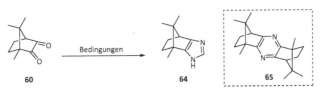

Nr	Bedingungen	Ergebnis
1[40]	pFA, NH₄OAc, EtOH (1.5 M), HOAc (kat.), 110 °C, 4 h	hauptsächlich **65**
2[65]	pFA, NH₄OAc, HOAc, reflux. 4 h	hauptsächlich **65**
3	pFA, NH₄OAc, EtOH (0.1 M), HOAc (kat.), 110 °C, 4 h	hauptsächlich **65**

pFA: para-Formaldehyd.

Analog zu der veröffentlichten Synthese der NHCs mit langen Alkylketten im Rückgrat (Abbildung 19) sollte der Aufbau des Imidazols erfolgen (Eintrag 1).[40] Im ESI-MS konnte hingegen keine Produktbildung beobachtet werden. Stattdessen wurde ein Masse-zu-Ladungsverhältnis von m/z = 297.2326 gefunden, welches der Verbindung **65** sowie einem Proton als Ladungsgeber zugeordnet werden konnte. Alternativ wurde der Ansatz von XIONG et al. durchgeführt, wobei Essigsäure nicht nur als Katalysator sondern auch als Lösungsmittel eingesetzt wurde (Eintrag 2).[65] Aber auch hier konnte lediglich das Nebenprodukt **65** im ESI-MS ausfindig gemacht werden. Da vermutet wurde, dass sich das Diimin aus dem Diketon und Ammoniumacetat nur sehr langsam formt und somit schnell durch noch vorhandenes Diketon abgefangen werden kann, wodurch **65** gebildet wird, wurde die Synthese von Eintrag 1 erneut durchgeführt (Eintrag 3). Anders als bei Eintrag 1 wurde eine höhere Verdünnung gewählt, um die Reaktion zwischen nicht umgesetztem Diketon und gebildeten Diimin vermeiden zu können. Tatsächlich konnte ein kleiner Erfolg durch Steigerung der Intensität des Produktes im ESI-MS beobachtet werden, jedoch war das Hauptprodukt auch hier **65**.

Das Ketoxim **66** könnte ebenfalls Ausgangspunkt für die Synthese des Imidazols **64** sein. Die Synthese dessen ausgehend vom Diketon ist in Schema 25 dargestellt.

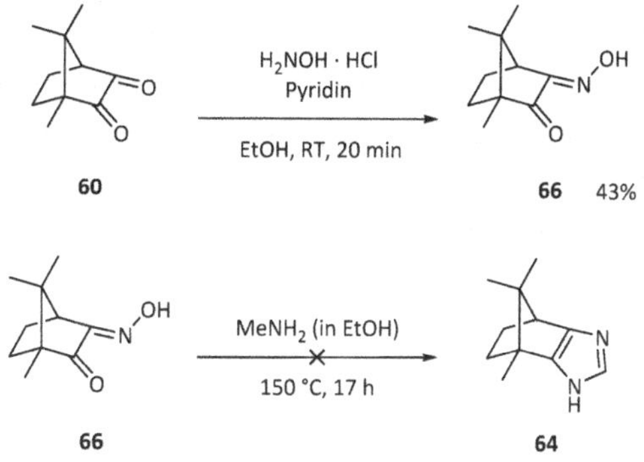

60   H$_2$NOH · HCl / Pyridin / EtOH, RT, 20 min   **66**   43%

66   MeNH$_2$ (in EtOH) / 150 °C, 17 h   **64**

Schema 25: Synthese des Ketoxims **66** und davon ausgehende Imidazolsynthese.

Das Ketoxim wurde in 43% Ausbeute gewonnen. Die Synthese des Imidazols konn-te jedoch nicht erfolgreich durchgeführt werden. Im ESI-MS konnte ein Masse-zu-Ladungsverhältnis ausfindig gemacht werden, welche einer von BUREŠ *et al.* vorge-schlagenen Zwischenstufe im Mechanismus der Imidazolsynthese entsprechen könnte (Abbildung 31).[66]

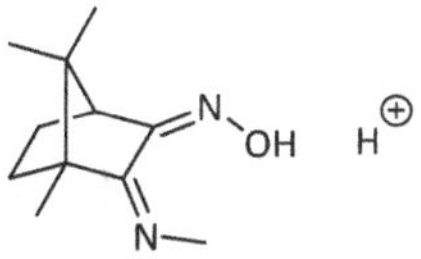

gefunden: m/z = 195.1486

Strukturformel: C$_{11}$H$_{19}$N$_2$O$^+$
exakte Masse: m/z = 195.1492

Abbildung 31: Mögliche Zwischenstufe in der Synthese von **64**.

Somit hätte das Ketoxim zwar bereits mit Methylamin reagiert, jedoch bliebe die Zyklisierung aus. Im von BUREŠ *et al.* vorgeschlagenen Mechanismus würde als wei-tere Reaktion die Methylgruppe vom überschüssig eingesetztem verbliebenem Amin deprotoniert werden, wodurch die Zyklisierung ermöglicht würde.[66] Eine mögliche Begründung für das Ausbleiben der Zyklisierung könnte eine zu geringe Basizität des Methylamins sein. Alternativ könnten andere Basen als Zusätze zur Reaktionslösung gegeben werden, um die Deprotonierung zu ermöglichen. Auch eine Erhöhung der Temperatur könnte einen Erfolg der Synthese ermöglichen.

2.4 Zusammenfassung und Ausblick

Es konnte erfolgreich die Synthese einiger Biomolekül-basierter Imidazoliumsalze durchgeführt werden. Dabei konnten sowohl auf Cholesterol als auch auf Campher basierte NHC-Salze dargestellt werden. Eine Aufstellung aller synthetisierter Moleküle ist in Abbildung 32 zu sehen.

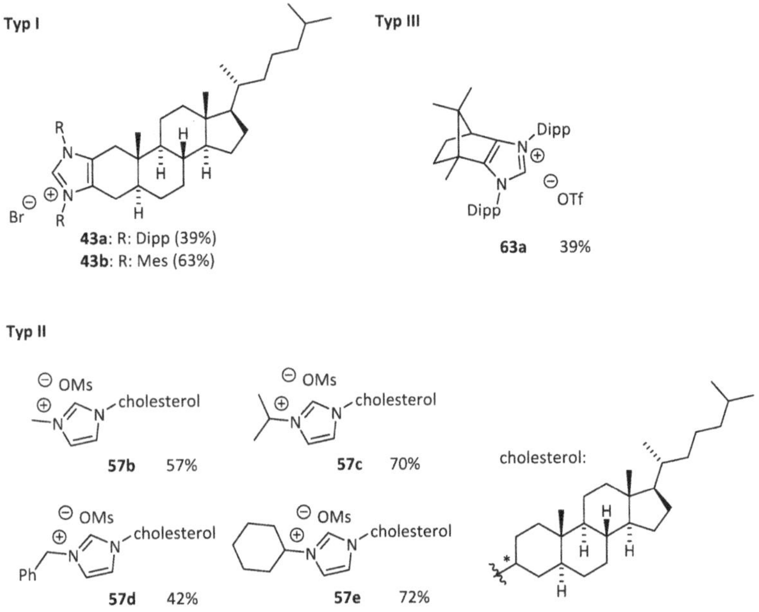

Typ I

43a: R: Dipp (39%)
43b: R: Mes (63%)

Typ III

63a   39%

Typ II

57b   57%

57c   70%

cholesterol:

57d   42%

57e   72%

Abbildung 32: Strukturen der dargestellten Imidazoliumsalze.

Des Weiteren konnte der Einsatz der korrespondierenden Goldkomplexe von **43a** und **43b** in der mizellaren Katalyse erprobt werden. Für **47a** konnten dabei jedoch deutlich bessere Ergebnisse in der Wasseraddition an Diphenylacetylen erzielt werden. Ein großer Vorteil dieses Katalyse-Modells ist der Gebrauch von Wasser als Lösungsmittel, was dieser Art von Katalyse einen umweltfreundlicheren Aspekt verleiht. Allerdings benötigt der Ansatz noch Optimierung, um eine möglichst effiziente Reaktion zu gewährleisten. Außerdem wäre es vorstellbar, andere bzw. geeignetere Reaktionen durch den Einsatz der Mizellen zu katalysieren. Die Synthese anderer Metallkomplexe wäre hierfür notwendig, um beispielsweise Hydrierungen katalysieren zu können.

Auch die Cholesterol-basierten Imidazoliumsalze des **Typs II** konnten erste Anwendungen finden. Durch Filmwaage-Messungen konnte gezeigt werden, dass **57b** und **57d** erfolgreich Monoschichten zusammen mit DPPC aufbauen können, wobei **57b** diese Schichten deutlich besser stabilisiert. Weitere Untersuchungen der Strukturen könnten die biochemische Anwendbarkeit unterstreichen. Denkbar wäre auch der Einsatz der entsprechenden Goldkomplexe für anti-tumorale Anwendungen wie bereits in Kapitel 1.1.3 für einige andere Goldkomplexe vorgestellt. Aber auch ein Einsatz der Komplexe in der für **47a** und **47b** gezeigten mizellaren Katalyse wäre möglich. Vermutlich wäre hierfür ein größerer Substituent wie beispielsweise Mesityl vorteilhafter. Dessen Synthese müsste jedoch noch optimiert werden, da das Produkt zwar gebildet, aber nicht in hoher Reinheit isoliert werden konnte. Eventuell könnten höhere Temperaturen hilfreich sein, die zwar die Elimierung begünstigen, jedoch auch zum vollständigen Schmelzen des Imidazols und einer somit verbesserten Reaktion führen würden.

Die alkylisch-substituierten Imidazoliumsalze des **Typs I** konnten zwar nicht synthetisiert werden, jedoch sind erste Beobachtungen und Ergebnisse zur Synthese des Diketons **49** erreicht worden. Sobald die Synthese dessen erfolgreich durchgeführt werden kann, sollte eine Zyklisierung durch Einsatz der Multikomponenten-Synthese (siehe Kapitel 1.1.2) möglich sein. Nach Aufbau der Imidazol-Struktur könnten verschiedene Strukturen durch Alkylierung dargestellt werden.

Generell wäre für alle in Abbildung 32 gezeigten Strukturen ein Einsatz als Liganden in der homogenen Katalyse vorstellbar. Aber auch die Verwendung der Cholesterol-abgeleiteten Imidazole in der Nanopartikel-Stabilisierung wäre denkbar, da sie aufgrund des großen sterischen Anspruchs der Cholesterol-Einheit den Partikel sterisch abschirmen könnten. Zusätzlich könnte eine biochemische Anwendung der Nanopartikel möglich gemacht werden, in dem das Cholesterol als Erkennungseinheit fungieren würde (für NHCs des **Typs I**).

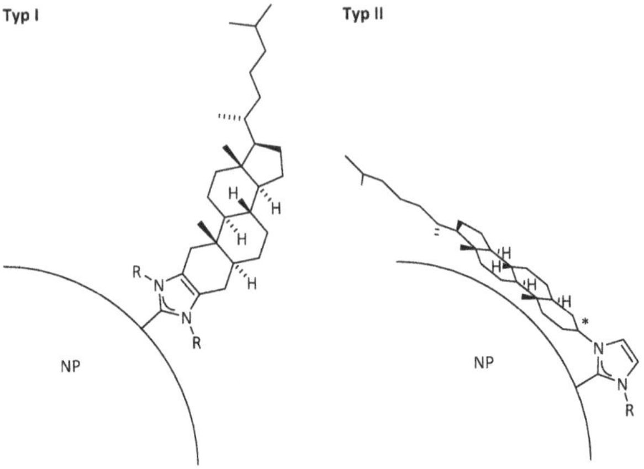

Abbildung 33: Schematische Darstellung der Nanopartikelstabilisierung von NHCs des **Typs I** und **Typs II**.

Die Reste müssten klein oder flexibel gewählt werden, um eine sterische Wechselwirkung mit den Oberflächen der Nanopartikel vermeiden zu können. Im Fall der Imidazole des **Typs II** würde sich die Cholesterol-Einheit vermutlich wie eine Scheibe auf die Nanopartikeloberfläche legen und diese somit abschirmen. Falls dadurch keine ausreichende Stabilisierung erreicht werden würde, könnte R durch eine lange Alkylkette ersetzt werden, wodurch eine sterische Abschirmung erreicht werden könnte. Alternativ wäre auch eine Einbau einer C1-Einheit zwischen Cholesterol und Imidazol denkbar, wodurch mehr Flexibilität eingebracht werden würde, so dass die Cholesterolgruppe von der Oberfläche weg zeigen könnte.

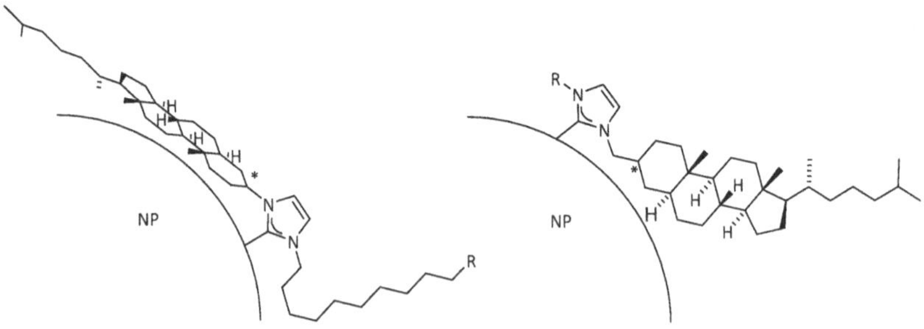

Beispiel für den Einsatz einer langen Alkylkette   Beispiel für den Einbau einer C1-Einheit

Abbildung 34: Alternative Ligandendesigns.

ROSENBERG und ROSS *et al.* konnten in Membranmodellen den Einbau eines Cholesterol-angeknüpften Rutheniumkomplexes als Fluorophor beobachten.[67]

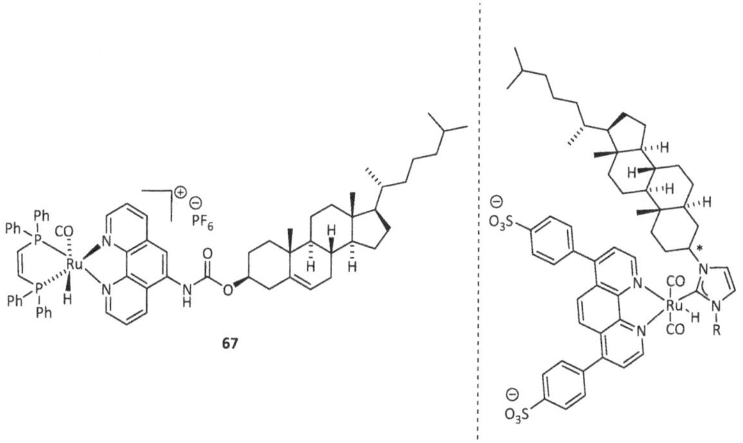

Abbildung 35: Von ROSENBERG und ROSS *et al.* verwendetes Design (links) und mögliches Design eines Cholesterol-NHC basierten Komplexes (rechts).[67]

Der Einsatz der Cholesterol basierten Imidazoliumsalze als Ligand eines fluoreszierenden Metallkomplexes, wobei das Cholesterolmotiv als Erkennungseinheit und Membrananker fungieren könnte, wäre ebenfalls eine denkbare Anwendung. Anstelle der angebundenen Cholesteroleinheit würde dieses jedoch direkt über das NHC an den Komplex angebracht werden.

3 Kombination von NHC und Thioether zur Stabilisierung von Pd-Nanopartikeln

3.1 Motivation

In Kapitel 2.1 wurde bereits die Stabilisierung von Palladium-Nanopartikel durch NHCs mit langen Alkylketten im Rückgrat beschrieben.[40]

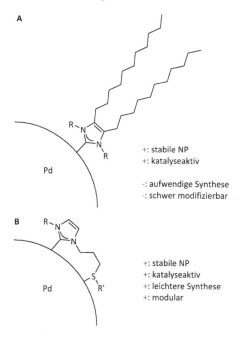

A

+: stabile NP
+: katalyseaktiv

-: aufwendige Synthese
-: schwer modifizierbar

B

+: stabile NP
+: katalyseaktiv
+: leichtere Synthese
+: modular

Abbildung 36: Bekanntes NHC-Ligandendesign (**A**) und NHC-Thioether-kombinierte Liganden (**B**).

Die langen Alkylketten konnten zur Abschirmung der Nanopartikel eingesetzt werden, wodurch eine Agglomeratbildung vermieden wurde und eine Stabilisierung über einen Zeitraum von vier Monaten gewährleistet werden konnte. Ebenso konnten die Nanopartikel in der selektiven Hydrierung terminaler Doppelbindungen eingesetzt werden, wobei Styrol und Dec-1-en als Substrate gewählt wurden. Die Hydrierung terminaler Doppelbindungen erfolgte selektiv im Vergleich zu Palladium auf Kohle, welches in einem Konkurrenzexperiment auch interne Doppelbindungen hydrierte.[40] Allerdings wird für die Synthese der Verbindungen eine aufwendige Syntheseroute benötigt, wobei alkylische Reste am Stickstoffatom in vier Stufen und aromatische Reste in drei Stufen synthetisiert wurden.

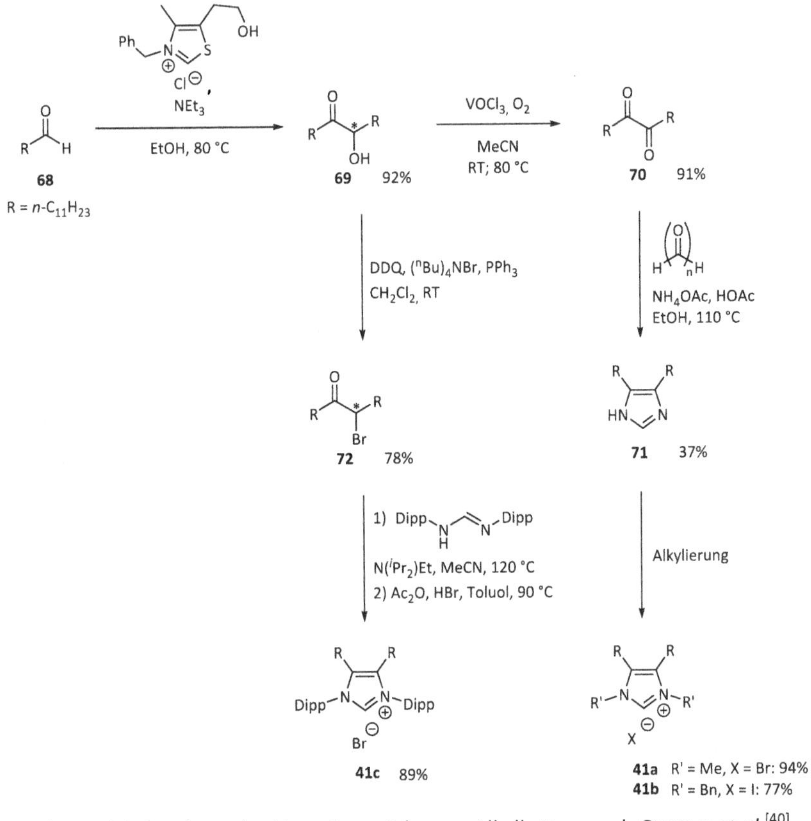

Schema 26: Synthese der Liganden mit langen Alkylketten nach GLORIUS et al.[40]

Die Synthese konnte in guten bis hohen Ausbeuten durchgeführt werden, jedoch führt der Aufbau des Imidazolkerns **71** zu einer geringen Ausbeute. Des Weiteren liefern lediglich die Substituenten am Stickstoffatom Spielraum für nachträgliche Modifikationen. Als Synthesebaustein wurde Dodecanal eingesetzt, so dass bei Variation des Rückgrats bereits zu Beginn der Synthese ein anderes Molekül gewählt werden müsste. Aufgrund der unpolaren Alkylketten ist die Löslichkeit auf unpolare Lösungsmittel wie Toluol begrenzt.[40]

Ein alternatives Ligandendesign könnte bereits bekannte Ligandenstrukturen miteinander verbinden. Dabei soll eine Struktur aufgebaut werden, die sowohl eine NHC- als auch eine Thioether-Einheit trägt und dadurch zwei stabile Bindungsstellen zur Anbindung an den Nanopartikel liefert (Abbildung 36, **B**). Das NHC trägt aufgrund des stark bindenden Charakters dabei maßgeblich zur Stabilität bei. Durch Anknüpfung an einen Thioether, welcher ebenfalls stabilisierend wirkt, lässt sich die leichte Modifizierbarkeit und damit Funktionalität der Nanopartikel erreichen. Dabei sollte auch die katalytische Aktivität der bereits veröffentlichten Strukturen beibehalten werden können. Zusätzlich würde die in Abbildung 36 gezeigte Struktur des Konzeptes **B** deutlich leichter synthetisierbar und modifizierbar sein. Durch einfache Modifizierung könnten verschiedene Strukturen unterschiedlicher Polaritäten synthetisiert werden, welche in verschieden polaren Lösungsmitteln löslich wären und somit den Bereich der Anwendung vergrößern könnten.

3.2 Synthese der Liganden

Das Design der zu synthetisierenden Liganden zur Stabilisierung von Palladium-Nanopartikeln sowie dessen potentielle retrosynthetische Schnittstellen sind in Abbildung 37 dargestellt.

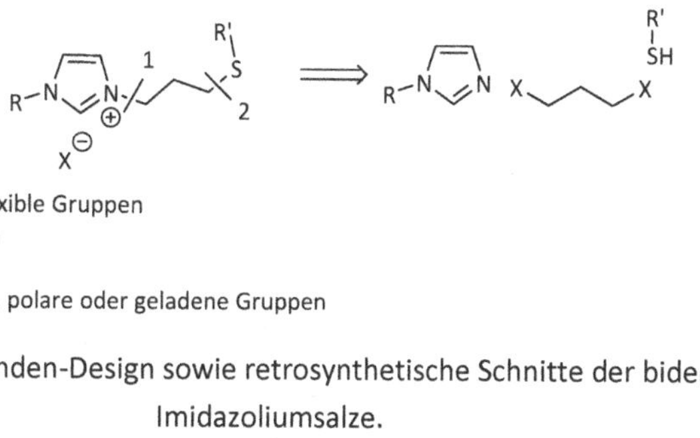

R: kleine, flexible Gruppen
(Me, *i*Pr, Bn)

R': unpolare, polare oder geladene Gruppen

Abbildung 37: Liganden-Design sowie retrosynthetische Schnitte der bidentaten Imidazoliumsalze.

Durch zwei Schnitte sollte sich das Molekül aus drei Bausteinen zusammenstellen lassen. Dabei kann die Synthese durch unterschiedliche Wahl der Thiole bzw. Imidazoliumkerne zu einer Fülle an neuen Liganden führen. Der Rest R sollte möglichst klein oder flexibel gewählt werden, um eine sterische Wechselwirkung mit dem Nanopartikel zu minimieren. Als gut zu verwendende Reste haben sich Methyl-, Isopropyl- und Benzyl-Gruppen erwiesen.[40] R' hingegen kann sehr variabel gewählt werden. Wie in Kapitel 1.3.1 bereits beschrieben, werden zur Nanopartikel-Stabilisierung entweder geladene oder sterisch-abschirmende Liganden benötigt, um eine Agglomeration der Partikel zu vermeiden. Zur elektrostatischen Abschirmung sollen zwei Ketten gewählt werden, welche am Ende eine Carboxylatgruppe enthalten, um die Partikel so vor Agglomeration zu schützen. Die Ladung könnte ebenfalls eine Löslichkeit der Partikel in polaren Lösungsmitteln begünstigen sowie durch pH-Wert-Änderungen und der daraus-resultierenden reversiblen Protonierung die Löslichkeit schaltbar machen. Zur sterischen Abschirmung soll analog zu den langen Alkylketten auch für das bidentate System eine Alkyl-Gruppe genutzt werden, um die Löslichkeit in unpolaren Lösungsmitteln zu möglichen. Zusätzlich soll eine Polyethylenglykolkette gewählt werden, welche zum einen sterisch abschirmend wirkt und zum anderen aufgrund des höheren polaren Charakters die Löslichkeit des Partikels in polaren Lösungsmitteln begünstigen könnte.

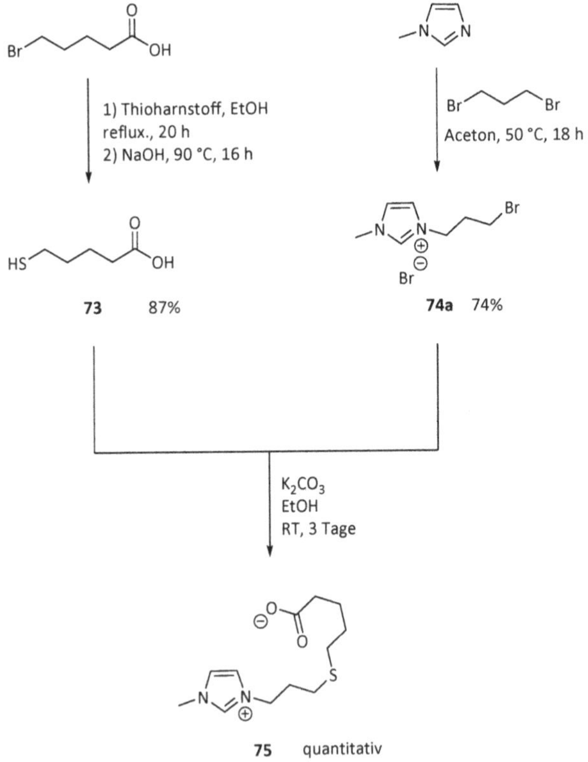

Schema 27: Synthese des kurzkettigen Carboxylatliganden 75.

In Schema 27 ist die Synthese des Liganden 75 dargestellt. Durch die Wahl kommerziell erhältlicher Startmaterialien und einfacher Modifikationen konnte ein simpler Syntheseplan entwickelt werden, der sowohl auf linker als auch rechter

Seite durch Austausch der Vorläufer **73** und **74a** zur modularen Synthese verschiedener Liganden führt, wobei hohe Ausbeuten erzielt werden können.

Zunächst wurde 5-Brompentansäure zum Thiol umgesetzt, wobei Thioharnstoff als Schwefelquelle dient. 1-Methylimidazol sowie 1,3-Dibrompropan wurden für die Synthese des Imidazoliumsalzes **74a** verwendet. 1,3-Dibrompropan als C3-Baustein wurde gewählt, da vermutet wurde, dass so der Abstand zwischen Carbenkohlenstoff und Thioetherschwefel groß genug ist, so dass beide Gruppen auf die Nanopartikeloberfläche anbinden können. Ein weiterer Vorteil für die Wahl der C3-Kette ist der geringere Nachbargruppeneffekt im Vergleich zur C2-Kette, so dass eine Eliminierung unter basischen Bedingungen verhindert werden sollte. Die Kupplung der beiden Vorläufer wurde zunächst durch den Gebrauch von Triethylamin als Base untersucht, wobei bei der Abtrennung mittels Säulenchromatographie das Produkt nicht isoliert werden konnte. Deshalb wurde Kaliumcarbonat gewählt, welches als Feststoff durch einfache Filtration abgetrennt werden konnte. Voraussetzung für diesen Ansatz ist ein vollständiger Umsatz des Thiols und des Imidazoliumsalzes.

Weitere Vorläufer, die analog zu **73** und **74a** dargestellt wurden, sind in Abbildung 38 dargestellt. Zur Synthese des Thiols **76** musste allerdings zunächst eine Jones-Oxidation durchgeführt werden, um 11-Brom-1-undecanol zur korrespondierenden Säure **77** zu oxidieren (98% Ausbeute), so dass dieses zur Thiolsynthese eingesetzt werden konnte.

Die resultierenden Liganden aus der Kombination der Thiole aus dem gelben Kasten mit den Imidazoliumsalzen aus dem violetten Kasten sind ebenfalls in Abbildung 38 dargestellt.

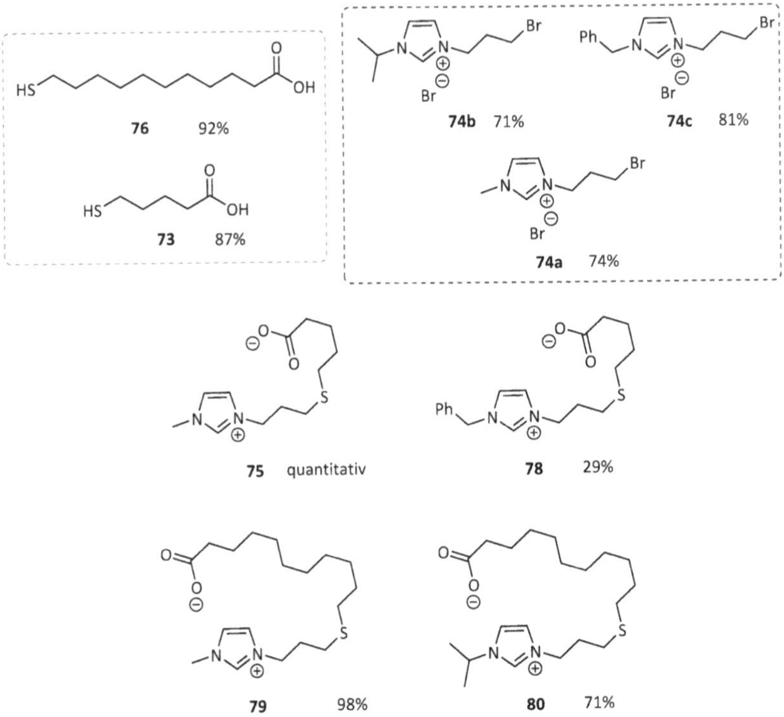

Abbildung 38: Synthetisierte Vorläufer und daraus resultierende Liganden.

Die Liganden aus der Kombination des Thiols **73** mit dem Imidazoliumsalz **74b** bzw. **76** mit **74c** konnten nicht isoliert werden. Der Erfolg der Synthese wurde zwar anhand eines ESI-MS-Spektrums nachgewiesen, jedoch zeigte das NMR-Spektrum Kontaminationen auf, welche durch Waschen mit Chloroform nicht entfernt werden konnten. Da für die Nanopartikelstabilisierung jedoch die Methylsubstituenten von größerer Bedeutung sind, wurde die Synthese der verbliebenen Liganden nicht weiter untersucht.

Des Weiteren konnte A. Rühling (AK Glorius) folgende Liganden erfolgreich synthetisieren:

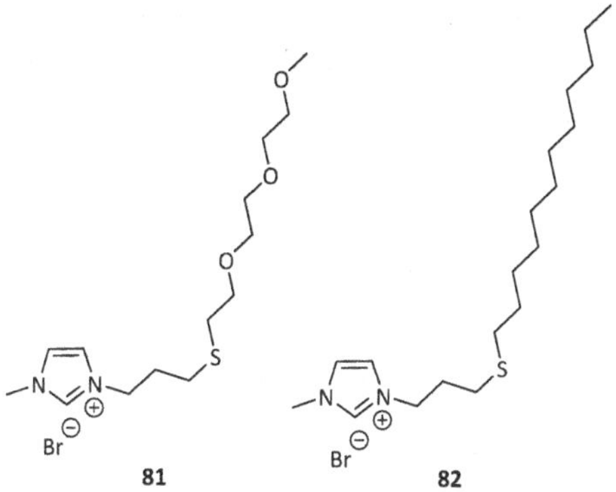

Abbildung 39: Von A. Rühling (AK Glorius) synthetisierte Liganden zur Pd-NP-Stabilisierung.

Die vier Liganden mit dem Methylsubstituenten am Stickstoffatom des Imidazoliumkerns wurden für die Nanopartikelstabilisierung eingesetzt. Die Synthese der Nanopartikel wird in Kapitel 3.3 beschrieben.

3.2.1 Synthese eines Kontrollliganden

Um die Rolle des Schwefels nachweisen zu können, sollte ein Kontrollligand synthetisiert werden. Dabei sollte der Imidazoliumkern einschließlich der C3-Kette beibehalten werden. Am Ende der C3-Kette soll anstelle des Thioethers nur eine Thioleinheit bestehen bleiben. Durch Wahl des deutlich stärkeren Liganden Thiols sollte hier überprüft werden, ob das Thiol oder der Thioether zur Stabilität beitragen und somit Rückschlüsse auf den Bindungsmodus des Thioethers geschlossen werden können.

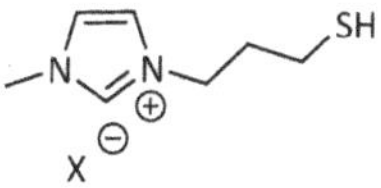

Abbildung 40: Zu synthetisierender Kontrollligand.

Zunächst sollte der bereits für die Ligandensynthese hergestellte Vorläufer **74a** verwendet werden. Die Umsetzung mit Natriumhydrogensulfid bei Raumtemperatur führte nicht zur Synthese des gewünschten Produkts. Auch höhere Temperaturen von 80 °C konnten die Produktbildung nicht begünstigen. Alternativ wurde die gleiche Synthese wie zur Synthese der Carbonsäurethiole **73** und **76** aus den Carbonsäurebromiden mit Thioharnstoff durchgeführt. Nach Beendigung der Reaktion konnte das Produkt jedoch nicht durch Extraktion mit Chloroform aus der wässrigen Phase in die organische Phase überführt werden.

Als Vorstufe zur Synthese ionischer Flüssigkeiten nutzen GIGANTE, GARCIA und CORMA *et al.* im Jahre 2003 sowie CHO *et al.* 2013 den zu synthetisierenden Kontrollliganden (X = Cl).[68] Dafür setzten sie 1-Methylimidazol mit 3-Chlor-1-propanthiol um. Diese Synthese sollte reproduziert werden.

Tabelle 7: Experimente zur Synthese von 83.

Nr	Bedingungen	Ergebnis
1[a][68]	80 °C, 4 Tage	**83** und **84** im ESI-MS/NMR
2[a]	80 °C, 18 h	**83** und **84** im ESI-MS/NMR
3[a]	THF (0.2 M), 80 °C, 18 h	kein vollständiger Umsatz
4[a][69]	50 °C, 2 Tage	**83** und **84** im ESI-MS/NMR
5[b]	80 °C, 24 h	hauptsächlich **83**; NMI nicht abtrennbar

a: Imidazol/Thiol = 1/1; b: Imidazol/Thiol: 10/1.

NMI: 1-Methylimidazol

Bei der Reproduktion der Synthese konnte das Produkt zwar synthetisiert werden, jedoch trat auch das Nebenprodukt **84** auf (Eintrag 1). Durch gängige Aufreinigungsmethoden konnte **84** nicht abgetrennt werden. Auch der Versuch der Trennung mit Hilfe einer präparativen HPLC konnte nicht zur Trennung der beiden Verbindungen führen. Da weder GIGANTE, GARCIA und CORMA *et al.* noch CHO *et al.* die Aufreinigung ihres Vorläufers diskutierten oder berichteten, wurde dieser Ansatz versucht zu optimieren. Es wurden kürzere Reaktionszeiten (Eintrag 2) sowie eine Verdünnung des Reaktionsgemisches (Eintrag 3) gewählt. Bei der Wahl einer kürzeren Reaktionszeit konnte das gleiche Ergebnis wie bei Eintrag 1 beobachtet werden. Im Falle der Verdünnung fand kein vollständiger Umsatz statt. Eine alternative Synthese wurde von Lu und Dyson et al. veröffentlicht.[69] Zur Stabilisierung von Gold-Nanopartikeln durch ionische Flüssigkeiten verwendeten sie einen sehr ähnlichen Baustein. Dafür wählten sie geringere Temperaturen (50 °C) und kürzere Reaktionszeiten (zwei Tage). Des Weiteren beschrieben sie eine Aufreinigung der Liganden durch Waschen mit Diethylether. Für die Synthese des Kontrollliganden wurden jedoch die gleichen Ergebnisse wie schon für die Experimente zu Eintrag 1 und 2 erzielt. Um eine Reaktion des freien Thiols mit dem bereits synthetisierten Produkt zu vermeiden und somit die Synthese des Nebenproduktes zu unterdrücken, wurde ein zehnfacher Überschuss an 1-Methylimidazol gewählt (Eintrag 5). Tatsächlich wurde nur sehr wenig bzw. kein Nebenprodukt gebildet. Allerdings ließ sich das 1-Methylimidazol durch Waschprozesse nicht vollständig abtrennen, so dass der Waschprozess mehrfach durchgeführt wurde. Dabei ließ sich jedoch nach dem dritten Waschdurchgang eine Reaktion mit dem verwendeten Ethanol erkennen, so dass auch dieser Syntheseweg verworfen wurde.

Um die Nebenproduktsynthese vermeiden zu können, sollte die Thioleinheit geschützt werden. Eine effektive Möglichkeit zur Schützung stellt die gezielte Disulfidsynthese dar. Das Disulfid sollte daraufhin in der Lage sein mit zwei Äquivalenten an 1-Methylimidazol zu reagieren und so im darauffolgenden Disulfidspaltungsschritt das Produkt liefern (Schema 28).

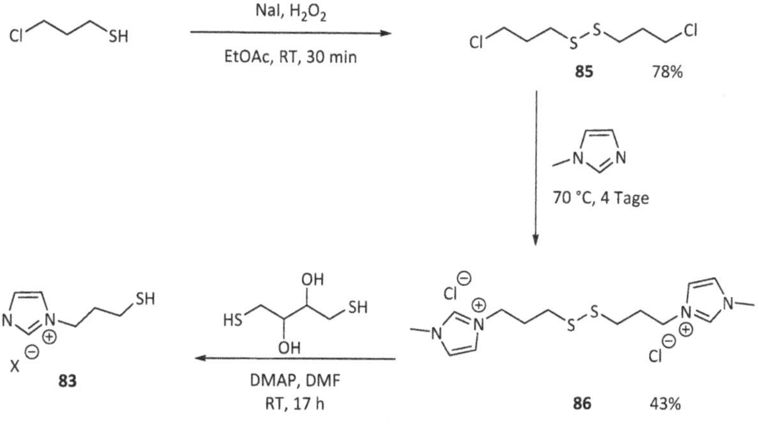

Schema 28: Synthese des Kontrollliganden 83 durch Synthese einer Disulfidspezies.

Die Synthese des Disulfides 85 konnte mit 78% Ausbeute abgeschlossen werden. Die Kupplung an 1-Methylimidazol erfolgte analog zu den Synthesen in Tabelle 7, so dass der Disulfid-verbrückte Ligand **86** in 43% Ausbeute dargestellt werden konnte. Die Disulfidspaltung mit Dithiothreitol als Opferthiol lieferte ein Produktsignal im ESI-MS. Da bereits festgestellt wurde, dass sich das Produkt nicht extrahieren lässt und so von seinen ionischen bzw. wasserlöslichen Nebenprodukten abtrennen lässt, sollte das Produkt mittels Säulenchromatographie gereinigt werden. Das Produkt konnte jedoch nicht gewonnen werden, so dass die Synthese des Kontrollliganden nicht weiter fortgeführt wurde.

3.3 Synthese und Charakterisierung der Nanopartikel

Die Synthese sowie die Charakterisierung der Palladium-Nanopartikel wurden von K. Schaepe durchgeführt (AK Ravoo).

Für die Synthese der NHC-stabilisierten Palladium-NP wurde eine Austauschreaktion verwendet, die bereits 2014 zur Synthese der durch die langkettigen NHCs stabilisierten Palladium-NP Anwendung fand.[40] Als auszutauschende Liganden wurden Thioether verwendet.

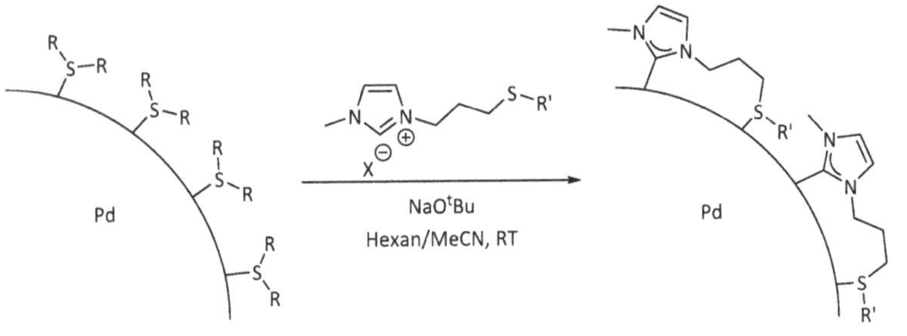

87a: Pd-NP mit R = $C_{12}H_{25}$

87b: Pd-NP mit R =

88a: Pd-NP mit R' = $C_{12}H_{25}$

88b: Pd-NP mit R' =

88c: Pd-NP mit R' = $C_4H_8CO_2^{\ominus}$

88d: Pd-NP mit R' = $C_{10}H_{20}CO_2^{\ominus}$

Schema 29: Ligandenaustauschreaktion zur Synthese der durch Thioether-NHC stabilisierte Pd-NPs.

Zunächst wurde ein Überschuss an Imidazoliumsalz durch Natrium-*tert*-Butanolat deprotoniert, wobei das freie NHC *in situ* gebildet wurde. Nach 20 min erfolgte die Zugabe der thioethergeschützten NPs. Die Lösung wurde in einem 2-Phasensystem aus Acetonitril (für **81** und **82**) bzw. Dimethylsulfoxid (DMSO) (für **75** und **79**)) und *n*-Hexan über Nacht gerührt. Anschließend wurden die Nanopartikel mit *n*-Hexan (im Fall der Nutzung von **87a**) bzw. Acetonitril (für **87b**) gewaschen, um auf diese Weise die freigewordenen Thioether zu entfernen, so dass bei folgenden Studien der rein NHC-stabilisierte NP analysiert werden konnte. Die Nanopartikel **88a** und **88b** wurden zusätzlich durch Zentrifugation, die Nanopartikel **88c** und **88d** durch Dialyse gereinigt.

Durch den Einsatz zweier verschiedener Thioether-Liganden, lassen sich unpolare und polare Palladium-Nanopartikel synthetisieren. Die unpolaren, durch Didodecylsulfid stabilisierten NP **87a** werden für die polaren Imidazoliumsalze **75**, **79** und **81** eingesetzt, um die Partikel **88c**, **88d** und **88b** herzustellen. Die polaren, durch Bis(tetraethylenglykolmonomethylether)sulfid stabilisierten NP **87b** werden zur Synthese der unpolaren Palladium-NP **88a** eingesetzt, welche durch das Imidazoliumsalz **82** stabilisiert werden. Dieser gegensätzliche Einsatz der Polaritäten wird zur erleichterten Abtrennung des Thioethers aufgrund der verschiedenen Löslichkeiten der Liganden- und Nanopartikelsysteme genutzt.

Für alle vier Methyl-substituierten Liganden konnten stabile Nanopartikel hergestellt werden. Dieses wird anhand nachfolgender Daten bestätigt. Dabei werden diese Daten beispielhaft für die Nanopartikel stabilisiert mit dem Liganden **75** diskutiert, da es sich für die restlichen Nanopartikel analog verhält. Vergleichsdaten werden tabellarisch für alle Nanopartikel angegeben.

Einen ersten Hinweis auf die Anbindung der NHCs auf die Nanopartikel wird durch das NMR-Spektrum gegeben. Durch NMR-Spektren, wie auch durch IR-Messungen und Elementaranalysen, wird eine Charakterisierung der chemischen Zusammensetzung der Ligandenhülle ermöglicht. Besonders charakteristisch für die NMR-Spektren ist eine Verbreiterung der Signale der angebundenen Liganden im Vergleich zu den in Lösung befindlichen Liganden.[70] Diese Signalverbreiterung ist intensiver für Gruppen nahe der Oberfläche des Nanopartikels, was zum einen durch die eingeschränkte Rotation und zum anderen durch eine inhomogene Nanopartikeloberfläche erklärt werden kann, wodurch eine unterschiedliche chemische und magnetische Umgebung hervorgerufen wird.

Die Gegenüberstellung der ^{1}H-NMR-Spektren des freien Liganden sowie des mit diesem Liganden stabilisierten Nanopartikels für den Liganden **75** ist in Abbildung 41 dargestellt. Dabei ist anzumerken, dass die Spektren in unterschiedlichen deuterierten Lösungsmitteln durchgeführt wurden, wodurch unterschiedliche Verschiebungen resultieren können.

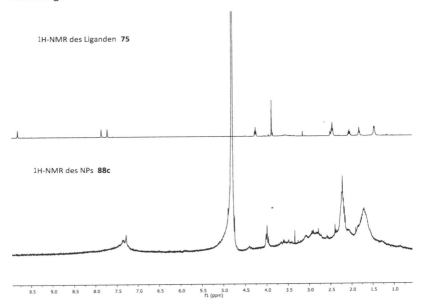

Abbildung 41: ^{1}H-NMR des freien Liganden **75** (oben, D$_6$-DMSO) und des NPs **88c** (unten, D$_2$O).

Anhand der beiden NMR-Spektren ist ein deutlicher Unterschied zu erkennen. Die Signale für den Nanopartikel sind deutlich breiter als für den freien Liganden. Die Rückgratprotonen des Imidazoliumkerns können beispielsweise nicht voneinander aufgelöst werden (freier Ligand: 7.85 und 7.70 ppm, NP: 7.30 ppm), so dass im Fall des Nanopartikels ein breites Signal für beide Protonen detektiert wird. Außerdem ist das Imidazoliumproton (bei 9.80 ppm im Fall des freien Liganden) im Spektrum des Nanopartikel nicht mehr zu sehen. Dieses kann einen Hinweis auf die Anbindung des Carbens auf die Nanopartikeloberfläche liefern, da in diesem Fall kein Proton an dieser Position mehr vorhanden wäre. Denkbar wäre aber auch der Protonaustausch mit dem deuterierten Lösungsmittel, so dass weitere Messungen notwendig sind.

Die Zusammensetzung der Partikel wurde durch CHN- und TGA-Messungen bestimmt. Die Ergebnisse (auch für die übrigen Partikel) sind in Tabelle 8 dargestellt.

Tabelle 8: Palladiumanteile der verschiedenen Nanopartikel.

	88a	88b	88c	88d
CHN	82%	68%	60%	77%
TGA	76%	63%	67%	58%

Die Werte weichen innerhalb der zwei verschiedenen Messungen teilweise stärker voneinander ab. Jedoch liegt der Palladiumanteil für alle Proben bei etwa 60 - 75%. Durch Mehrfachbestimmung und Mittelung der Werte lässt sich die Abweichung eventuell verbessern.

Zur Analyse der Größe der Nanopartikel wurden TEM-Bilder aufgenommen. Das TEM-Bild für den Nanopartikel **88c** sowie die Größenverteilung der abgebildeten Nanopartikel ist in Abbildung 42 gezeigt.

 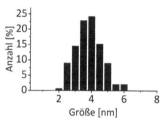

Abbildung 42: TEM-Bild der Nanopartikel **88c** (links) sowie die Größenverteilung der Nanopartikel (rechts).

Für die Nanopartikel **88c** resultiert aus den TEM-Bildern eine durchschnittliche Größe von 3.6 ± 0.5 nm. Die Ergebnisse aller ermittelter Nanopartikelgrößen befinden sich in Tabelle 9.

Tabelle 9: Durchschnittliche Größe der einzelnen Nanopartikel.

	88a	88b	88c	88d
Größe	5.1 ± 0.7 nm	4.4 ± 0.6 nm	3.6 ± 0.5 nm	4.5 ± 0.6 nm

Um die ermittelte Anbindung der Liganden durch NMR-Messung zu bestätigen, wurden XPS-Messungen vorgenommen, da diese Messungen für das jeweilige Element und Orbital spezifisch sind. Dafür wurde das 1s-Orbital des Stickstoffs des Nanopartikels **88c** vermessen (Abbildung 43).

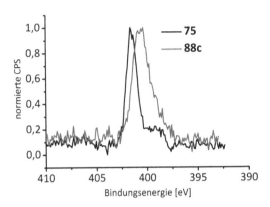

Abbildung 43: XPS-Messung des 1s-Orbital des Stickstoffs für **75** und **88c**.

Für das Imidazoliumsalz **75** ist ein Maximum bei 401.7 eV für das 1s-Orbital des Stickstoffs zu erkennen. Im Fall der Nanopartikel ist dieses Signal zu kleinen Werten von 401.2 eV verschoben. Dieser Effekt ist dadurch zu erklären, dass für das Imidazoliumsalz eine höhere Bindungsenergie überwunden werden muss, um das Elektron entfernen zu können, da es sich um eine positiv-geladene Spezies handelt. Für die Anbindung trifft dieses nicht mehr zu, so dass geringere Bindungsenergien zu überwinden sind.

Tabelle 10: Maxima der Bindungsenergien des 1s-Orbital des Stickstoffs.

	88a	88b	88c	88d
Imidazoliumsalz	401.6 eV	401.8 eV	401.7 eV	401.7 eV
Stabilisierter Pd-NP	400.9 eV	400.8 eV	401.2 eV	400.7 eV

Die Ergebnisse der XPS-Messungen für die Nanopartikel sind in Tabelle 10 dargestellt. In allen Fällen ist eine Verschiebung zu geringeren Bindungsenergien zu erkennen, so dass für jedes Nanopartikelsystem von einer Anbindung des NHCs auszugehen ist.

Ein Vorteil der Carbonsäuregruppe der Liganden **75** und **79** sollte die leichte pH-Schaltbarkeit und somit mögliche Abtrennung des Katalysators aus der Reaktionslösung sein. Diese Protonierbarkeit bzw. Deprotonierbarkeit wurde anhand der Partikel **88c** getestet. Die resultierenden DLS-Messungen sind in Abbildung 44 dargestellt.

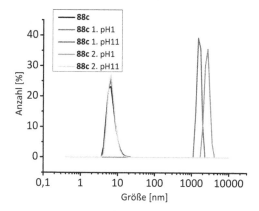

Abbildung 44: DLS-Messung zur pH-Schaltbarkeit.

Anhand der Messungen lässt sich erkennen, dass die Nanopartikel bei neutralem pH-Wert (schwarze Kurve) sowie für hohe pH-Werte eine kleine Größe aufweisen. Für niedrigere pH-Werte fallen die Partikel deutlich größer aus. Diese Größenunterschiede sind durch die Protonierung der Liganden bei geringem pH-Wert zu erklären. Dadurch bleibt die Abschirmung durch elektrostatische Abschirmung aus. Da die Kette mit fünf C-Atomen zu kurz für eine sterische Abschirmung ist, kommt es zur Agglomeration der Nanopartikel. Dieser Effekt ist reversibel, da die Partikel, sobald der pH-Wert in den basischen Bereich verschoben wird, wodurch die Deprotonierung der Carbonsäureeinheit erfolgt, sich wieder durch elektrostatische Abstoßung voneinander trennen können, so dass stabile Nanopartikel vorliegen. Außerdem ist diese Protonierung und Deprotonierung reversibel. Diese Eigenschaft gibt Grund zur Annahme, dass die Partikel auf diese Art und Weise aus dem Reaktionsgemisch abtrennbar sowie erneut nutzbar sein könnten.

3.4 Einsatz der Nanopartikel in der Hydrierung von Doppelbindungen

Die synthetisierten Nanopartikel wurden in der Hydrierung von Doppelbindungen eingesetzt, um deren katalytische Aktivität untersuchen zu können.

Dafür wurden zunächst zwei Sets an zu hydrierenden Substraten zusammengestellt und die NP **88a** auf ihre Reaktivität getestet. Die Hydriersets wurden dabei so gewählt, dass die Doppelbindungen unterschiedliche Konjugation bzw. Substitution oder funktionelle Gruppen aufweisen.

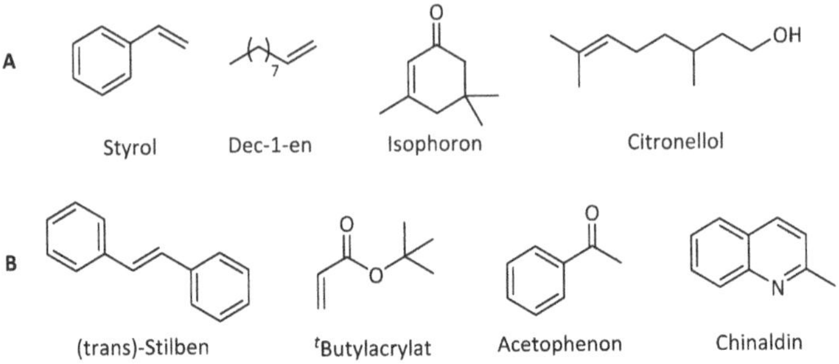

A

Styrol   Dec-1-en   Isophoron   Citronellol

B

(trans)-Stilben ^{t}Butylacrylat   Acetophenon   Chinaldin

Abbildung 45: Sets für Konkurrenzhydrierungen.

In den Konkurrenzhydrierungen sollte herausgefunden werden, welche Doppelbindungen bevorzugt hydriert werden. Lediglich die Hydrierung von Styrol und Dec-1-en konnte beobachtet werden. Im Falle von Styrol erfolgte die Hydrierung der Doppelbindung zur Synthese von Ethylbenzol. Im Fall von Dec-1-en traten sowohl die Hydrierung der Doppelbindung zu Decan als auch eine Isomerisierung der Doppelbindung zu internen Positionen auf (Nachweis durch GC-MS). Im Vergleich dazu sollte das Set A durch Palladium auf Kohle hydriert werden (durchgeführt von A. Rühling (AK Glorius)). Hierbei konnte eine vollständige Umsetzung aller vier Substrate durch GC-MS nachgewiesen werden, so dass im Rückschluss für die Nanopartikel eine Selektivität für die Hydrierung terminaler Doppelbindungen vorliegt. Für die nachfolgenden Experimente werden nur noch die Substrate Styrol und Dec-1-en betrachtet. Die jeweils angegebenen Umsätze wurden mittels GC-FID bestimmt. Mesitylen diente hierfür als interner Standard.

In einem weiteren Experiment sollten die Bedingungen für die Katalysen wie beispielsweise Wasserstoffdruck und Katalysatorladung bestimmt werden. Als Katalysator wurden die Nanopartikel **88a** gewählt. Die Ergebnisse sind in Tabelle 11 zusammengestellt.

Tabelle 11: Ergebnisse der Hydrierungen zur Entwicklung der optimalen Bedingungen.

Substrat	Umsatz bei 1 bar H$_2$*		Umsatz bei 10 bar H$_2$	
	0.5 mg Pd	0.1 mg Pd	0.5 mg Pd	0.1 mg Pd
Styrol	quant.	quant.	98%	quant.
Dec-1-en	99%	95%	81%	94%

*: Experimente bei 1 bar H$_2$ wurden von A. Rühling (AK Glorius) durchgeführt.

Alle Experimente wurden bei 40 °C in Toluol mit **88a** als Katalysator durchgeführt; quant.: quantitativ.

Anhand der Ergebnisse in Tabelle 11 ist gut zu erkennen, dass weder eine hohe Katalysatorladung von 0.5 mg Pd-NP noch hohe Drücke von 10 bar notwendig sind. Ein Test bei Raumtemperatur (durchgeführt von A. Rühling (AK Glorius)) führte ebenfalls zu geringeren Umsätzen, so dass die nachfolgenden Experimente fortan mit 0.1 mg Pd-NP bei 1 bar Wasserstoff und 40 °C durchgeführt wurden. Da vermutet wurde, dass die Nanopartikel aufgrund der unterschiedlichen Liganden verschiedene Löslichkeitsoptima und somit Katalyseoptima besitzen, wurden die Nanopartikel auf ihre Reaktivität in acht verschiedenen Lösungsmitteln getestet (Tabelle 12).

Tabelle 12: Ergebnisse der Hydrierungen zur Entwicklung der optimalen Bedingungen.

Lösungs-	88a[*]		88b		88c		88d	
mittel	Styrol	Dec-1-en	Styrol	Dec-1-en	Styrol	Dec-1-en	Styrol	Dec-1-en
Toluol	quant.	95%	99%	95%	49%	38%	61%	41%
n-Hexan	quant.	76%	98%	40%	54%	40%	69%	40%
CH_2Cl_2	quant.	99%	quant.	73%	43%	39%	54%	39%
THF	98%	76%	quant.	quant.	62%	45%	45%	37%
H_2O	quant.	99%	quant.	99%	99%	65%	quant.	quant.
TFE	99%	91%	quant.	94%	quant.	quant.	quant.	99%
MeOH	87%	76%	quant.	quant.	quant.	83%	quant.	95%
MeCN	quant.	95%	quant.	98%	quant.	79%	90%	46%
ohne	89%	70%						

*: Experimente wurden von A. Rühling (AK Glorius) durchgeführt.
Alle Experimente wurden bei 40 °C, 0.1 mg Pd-NP und 1 bar Wasserstoff durchgeführt, quant.: quantitativ.

Die Nanopartikel **88a** sind in nahezu allen Lösungsmitteln aktiv, wobei der Umsatz für Dec-1-en in der Regel etwas geringer ausfiel. Auffällig ist allerdings die hohe Reaktivität in Wasser. Aufgrund des hohen unpolaren Charakters der Nanopartikel bestimmt durch die Liganden war dieses Ergebnis nicht zu erwarten. Eine Begründung für diese könnte ein möglicher Zerfall der Nanopartikel sein, so dass die Reaktivität nicht durch den Nanopartikel selbst resultiert, sondern aus den Zerfallsprodukten. Eine andere Begründung wäre, dass die Reaktion ohne Lösungsmittel in der geringen organischen Phase ablief. Dafür wurde ein zusätzlicher Test durchgeführt, der eine mögliche Reaktion ohne den Einsatz von Lösungsmitteln bestätigte. Dabei fallen die Umsätze jedoch um 10% für Styrol und etwa 20% für Dec-1-en. Die

Partikel **88b** zeigen in sowohl unpolaren als auch polaren Lösungsmitteln hohe Reaktivitäten. Dieses war zu erwarten, da der Ligand sowohl polare Gruppen trägt als auch einen hohen unpolaren Anteil besitzt, so dass die Wechselwirkung mit beiderlei Arten an Lösungsmitteln möglich sein sollte. Lediglich im Fall von *n*-Hexan fällt der Umsatz von Dec-1-en auf 40%. Für die Nanopartikel **88c** und **88d** sehen die Umsätze relativ ähnlich aus. Beide zeigen hohe Umsätze in polaren Lösungsmitteln. Im Fall unpolarer Lösungsmittel wie beispielsweise *n*-Hexan fällt der Umsatz auf etwa die Hälfte des Umsatzes für polare Lösungsmittel (≈ 40% statt 100%). Aufgrund der Ladungen, die beide Partikel durch den Liganden tragen, löst sich der Partikel bevorzugt in polaren Lösungsmitteln, wodurch die höhere Reaktivität in polarem Medium wie auch die geringen Umsätze in unpolaren Lösungsmitteln begründet werden kann.

Aufnahmen von TEM-Bildern nach der Katalyse für den Liganden **75** zeigen, dass die Durchschnittsgröße der Partikel erhalten bleibt, wobei die Gesamtpartikel jedoch etwas polydisperser werden und sich Zusammenschlüsse von Nanopartikel zu kleinen Strängen erkennen lassen. Die durchschnittliche Größe betrug 3.6 ± 0.8 nm (vor der Katalyse: 3.6 ± 0.5 nm).

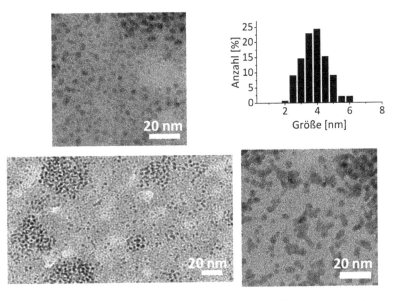

Abbildung 46: TEM-Bilder und Größenzuordnung von **88c** nach der Katalyse (durchgeführt von K. Schaepe (AK Ravoo)).

Für die Partikel **88c** und **88d** wurden weitere Substrate getestet, um die Selektivität der Hydrierung (4-Cyanostyrol (Doppelbindung – Nitril)) sowie die Hydrierfähigkeit für Dreifachbindungen zu testen.

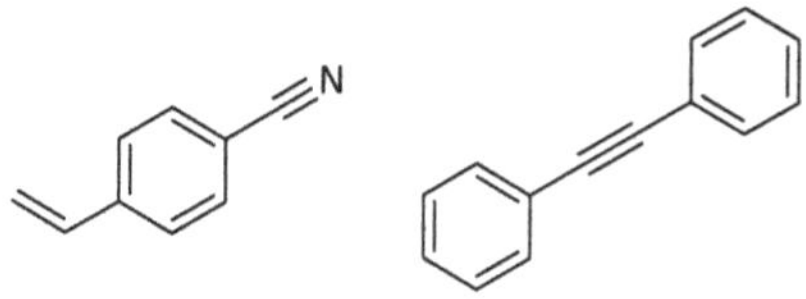

4-Cyanostyrol   Diphenylacetylen

Abbildung 47: Weitere zu hydrierende Substrate.

Für beide Systeme wurde Methanol als Lösungsmittel gewählt und die Hydrierung bei 40 °C, 1 bar Wasserstoff und einer Palladium-Nanopartikelmenge von 0.1 mg durchgeführt. Die Hydrierung des 4-Cyanostyrols erfolgte für beide NP nur an der Doppelbindung. Der Aromat sowie das Nitril wurden nicht umgesetzt. Im Fall des Diphenylacetylen stoppte die Hydrierung der Dreifachbindung bei der Doppelbindung. Die Reaktionsprodukte wurden mittels GC-MS detektiert. Für beide Substrate und Katalysatoren erfolgte eine quantivative Umsetzung.

Zur Stabilitätsmessung wurde eine Testhydrierung von Styrol bei 100 °C für drei Nanopartikelsysteme durchgeführt. Dabei sollte anhand des Umsatzes festgestellt werden können, ob die Nanopartikel zerfallen und somit an Reaktivität einbüßen oder bestehen bleiben und somit einen vergleichbaren Umsatz wie schon bei 40 °C liefern. Die Ergebnisse für den Umsatz bei 40 °C entstammen den Werten aus Tabelle 12.

Tabelle 13: Hydrierung bei 100 °C als Stabilitätstest.

NP	Umsatz bei 40 °C	Umsatz bei 100 °C
88a	100%	92%
88c	49%	48%
88d	61%	47%

Alle Experimente wurden mit 0.1 mg Pd-NP und 1 bar Wasserstoff in Toluol durchgeführt.

Alle Reaktionen wurden in Toluol durchgeführt, um ein Sieden und Verdampfen der Lösungsmittel zu vermeiden und dadurch die Vergleichbarkeit beibehalten zu können. Anhand der verhältnismäßig gleichbleibenden Umsätze für alle drei Systeme lässt sich festhalten, dass die Nanopartikel bei 100 °C intakt bleiben.

Ein weiterer Test zur Überprüfung der Reaktivität der Nanopartikel ist die Mehrfachzugabe von Substrat. Dabei wird eine Hydrierung wie bereits oben beschrieben durchgeführt, wobei nach Ende der Reaktionszeit ein weiteres Äquivalent an Substrat zugeben und der Umsatz nach einer weiteren Reaktion überprüft wird. Nach Addition der zweiten Substratmenge wurde der Autoklav wieder mit 1 bar Wasserstoff gefüllt. Als Substrate wurden Styrol und Dec-1-en gewählt und der Test mit dem Nanopartikel **88a** ausgeführt. Dieser Test wurde von A. Rühling (AK Glorius) durchgeführt.

Tabelle 14: Mehrfachzugabe an Substrat.*

Substrat	1	2	1	2	1	2
Styrol	99%	99%	99%	99%	99%	99%
Dec-1-en	95%	93%	94%	90%	98%	94%

1: Ergebnis nach 24 h; 2: Ergebnis nach Zugabe von je einem weiteren Äquivalent der Substrate und weiteren 24 h.

*: Experimente wurden von A. Rühling (AK Glorius) durchgeführt.

*Alle Experimente wurden bei 40 °C, 0.1 mg Pd-NP mit **88a** als Katalysator und 1 bar Wasserstoff in Toluol durchgeführt.*

Das Experiment wurde insgesamt dreimal durchgeführt, um die Reproduktion der Ergebnisse bestätigen zu können. Es ist gut zu erkennen, dass der Umsatz an Styrol gleichbleibend gut bleibt, auch nach erneuter Substratzugabe. Lediglich der Umsatz an Dec-1-en nimmt um etwa 5% ab. Anhand dieser Ergebnisse ist zu erkennen, dass die Partikel während der Reaktion intakt bleiben, wo durch die gleichbleibende Reaktivität resultiert.

Um zu testen, ob es sich um homogen- oder heterogen-katalysierte Reaktionen handelt, können drei verschiedene Tests durchgeführt werden. Dazu zählen der Filtrations-, der 3-Phasen- und der Quecksilbertropfentest.[71] Da sich die ersten zwei genannten Tests nur für geträgerte Systeme eignen, wurde der Quecksilbertropfentest gewählt (durchgeführt von A. Rühling (AK Glorius)). Für M(0)-Spezies führt die Zugabe eines großen Überschusses an Quecksilber(0) zur Vergiftung und somit Inaktivierung des Katalysators, indem zum einen eine Amalgamierung des

Metalls oder die Absorption von Quecksilber auf die Metalloberfläche stattfinden kann.[72] Homogene Katalysatoren bleiben bei diesem Test aktiv. Wichtig ist es, dass die reaktive Katalysatorspezies bereits geformt wurde, was dadurch erreicht wird, dass Quecksilber erst bei einem drittel bzw. halben Umsatz an Substrat zugegeben wird. Durch Vergleich des Umsatzes vor und nach der Quecksilberzugabe lässt sich Rückschluss auf die aktive Spezies nehmen. Die Reaktion wurde in Toluol durchgeführt und als Nanopartikel **88a** eingesetzt.

Tabelle 15: Quecksilbertropfentest.[*]

Substrat	15 min	24 h	Vergleich
Styrol	40%	40%	100%
Dec-1-en	46%	46%	95%

*: Experimente wurden von A. Rühling (AK Glorius) durchgeführt.

Alle Experimente wurden bei 40 °C, 0.1 mg Pd-NP mit **88a** als Katalysator und 1 bar Wasserstoff in Toluol durchgeführt.

Nach 15 min Reaktionszeit wurde der Umsatz der Katalyse bestimmt und ein Überschuss an Quecksilber zugegeben (10 Äquivalente). Um die Reaktionsbedingungen für die Reaktion beibehalten zu können, wurde der Autoklav erneut mit 1 bar Wasserstoff gefüllt und die Reaktion für insgesamt 24 h gerührt. Anschließend wurde erneut der Umsatz bestimmt. Wie sich gut erkennen lässt, ist dieser nach Zugabe des Quecksilbers nicht weiter gestiegen, so dass von einer heterogen-katalysierten Umsetzung auszugehen ist. Interessant ist zudem der bereits nach 15 min relativ hohe Umsatz von 40 bzw. 46%.

3.5 Zusammenfassung und Ausblick

Es konnte erfolgreich die Synthese von NHC-Thioether-kombinierten Liganden durchgeführt werden (Abbildung 48). Die Synthese konnte in einer modularen Art aus den funktionalisierten Imidazoliumsalzen mit den Thiolen erfolgen.

zur Nanopartikelstabilisierung eingesetzte Liganden:

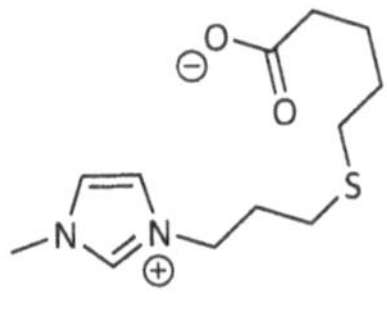

75

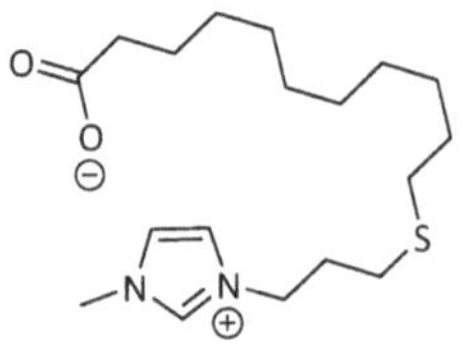

79

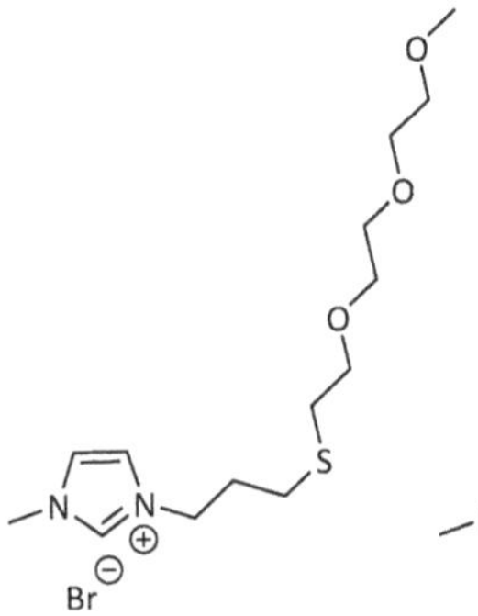

81

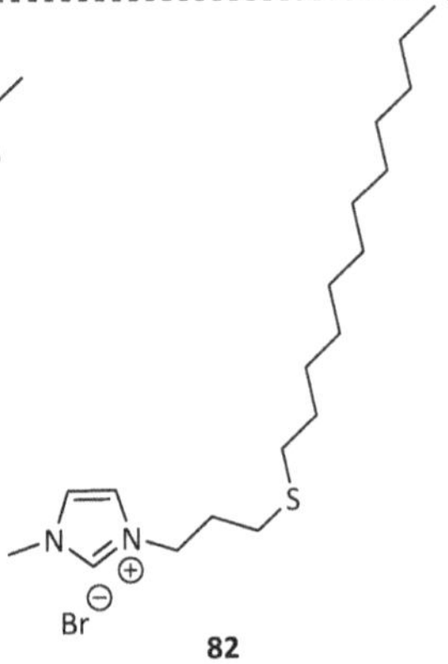

82

von A. Rühling (AK Glorius) synthetisiert

weitere synthetisierte Liganden:

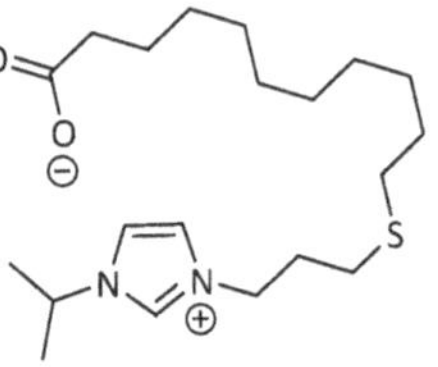

80

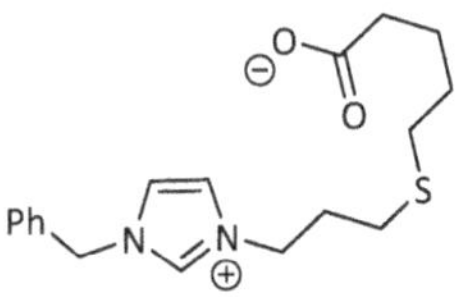

78

Abbildung 48: Synthetisierte Liganden.

Die modulare Synthese ermöglichte es, Imidazoliumsalze verschiedener Polaritäten zu synthetisieren. Zusätzlich konnten die Methyl-substituierten Salze zur Stabilisierung von Palladium-Nanopartikeln eingesetzt werden. Die unterschiedlichen NHCs lieferten dabei verschiedene Polaritäten, was die Löslichkeit der Partikel beeinflusste. Die synthetisierten Nanopartikel wiesen in Hydrierungsexperimenten eine Selektivität für terminale Doppelbindungen auf, wobei die Hydrierung in sehr hohen bis vollständigen Umsätzen erfolgte. Die Anbindung auf den Nanopartikel wurde durch NMR- sowie XPS-Messungen (des 1s-Orbital des Stickstoffatoms) nachgewiesen. Außerdem konnte eine Protonierung und Deprotonierung für den Partikel **88c** durchgeführt werden, wobei eine Mehrfachzugabe an Säure bzw. Base keinen Einfluss auf die Nanopartikel hatte. Die Protonierung/Deprotonierung ist somit reversibel. Dieses Experiment liefert einen Ausgangspunkt zur leichteren Wiederverwertbarkeit der Nanopartikel.

Für den Abschluss des Projekts werden nur noch wenige Datenpunkte benötigt. Beispielsweise könnten die Nanopartikel **88a** und **88b** ebenfalls für die Hydrierung von 4-Cyanostyrol und Diphenylacetylen eingesetzt werden, um ausschließen zu können, dass lediglich **88c** und **88d** zur selektiven bzw. unterbrochenen Hydrierung der zwei Substrate führen.

Zusätzlich zu den gezeigten Systemen wäre auch ein Einsatz chiraler Liganden und somit die Nutzung in asymmetrischen Katalysen möglich. Hierfür müsste jedoch zunächst ein geeigneter Ligand aufgebaut und eine entsprechende Reaktion gefunden werden. Ein solcher Ligand könnte beispielsweise durch Kombination der modularen Synthese mit einem chiralen Thiol dargestellt werden.

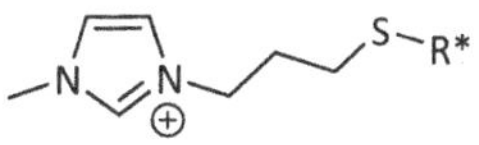

89

R*: Rest mit chiralen Gruppen

Abbildung 49: Design für einen chiralen Liganden.

Durch die gezeigte Kombinationsmöglichkeit verschiedener Ligandensysteme sind weitere Anwendungsmöglichkeiten denkbar. Alloy-Nanopartikel beschreiben die Kombination zweier verschiedener Metalle zu einem gemeinsamen Nano-partikel.[73] Durch gezielte Ligandensynthese und der Kombination zweier Systeme (NHC und X), die unterschiedlich stark an ein jeweiliges Metall binden, könnte eine definierte Synthese von Alloy-Nanopartikel ausgehend von den gemischten Me-tallkomplexen erfolgen, wobei die zwei Metalle von den unterschiedlichen Ligan-denmotiven gebunden wären (Abbildung 50).

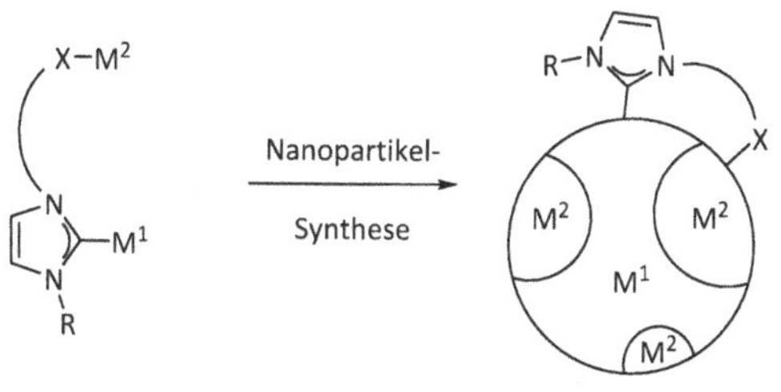

Abbildung 50: Kombination zweier Ligandensysteme zur Synthese von Alloy-Nanopartikeln.

Dadurch könnte beispielsweise ein dualer Katalysator mit zwei unterschiedlich aktiven Metallen dargestellt werden. Aber auch der Einsatz eines einfachfunktionalisierten Ligandens wäre für die Nutzung in der Alloy-Nanopartikelsynthese und -stabilisierung denkbar.

4 Experimenteller Teil

4.1 Generelle Informationen

4.1.1 Arbeitstechniken und Lösungsmittel

Die Reaktionen wurden, falls nicht anders vermerkt, ohne spezielle Schutzgastechniken durchgeführt. Im Fall luft- oder feuchtigkeitsempfindlicher Reagenzien wurden die Reaktionen in einer Argonatmosphäre, getrocknet mit Siligagel orange, Indikator/Sorbil C (2.5 mm - 0.5 mm), mit zuvor ausgeheizten Glasgeräten durchgeführt. Flüssige Reagenzien wurden mit einer zuvor mit Argon gespülten PE-Einwegspritze im Argongegenstrom zugefügt. Feststoffe wurden ebenfalls im Argongegenstrom hinzugeben oder in einer Glovebox in einer luft- und wasserfreien Argonatmosphäre eingewogen.

Die verwendeten Lösungsmittel Dichlormethan, n-Hexan, Toluol und Tetrahydrofuran (THF) wurden vor Gebrauch destilliert. Dabei wurden als Trocknungsmittel Natrium/Benzophenon (für THF) bzw. Calciumhydrid (für Dichlormethan, n-Hexan, Toluol) verwendet. Andere trockene Lösungsmittel wie Ethanol, Acetonitril, Dimethylsulfoxid (DMSO), N,N-Dimethylformamid (DMF), Aceton, Ethylacetat, 1,4-Dioxan, Methanol und Dimethylpropylenharnstoff (DMPU) wurden von CARL ROTH, ACROS ORGANICS oder SIGMA ALDRICH bezogen, über Molsieb unter Argon gelagert und ohne weitere Aufarbeitung verwendet. Triethylamin wurde destillativ von Verunreinigungen getrennt und über Molsieb unter Argon aufbewahrt. Die zur säulenchromatographischen Trennung eingesetzten Lösungsmittel n-Pentan, Ethylacetat, Dichlormethan und Diethylether wurden durch Destillation gereinigt. Alle weiteren Lösungsmittel oder Reagenzien, die kommerziell erworben wurden, wurden ohne weitere Aufreinigung für die Reaktionen eingesetzt.

4.1.2 Geräte und Methoden

Präparative Säulenchromatographie

Die präparative säulenchromatographische Trennung erfolgte durch Flash-Chromatographie (Überdruck von 0.2 bis 0.4 bar). Hierfür wurde das Kieselgel *60A* der Fa. ACROS mit einer Korngröße von 35 - 70 μm verwendet. Die Laufmittelzusammensetzungen sind als Volumenverhältnis der eingesetzten Lösungsmittel angegeben.

Dünnschichtchromatographie

Die zur Dünnschichtchromatographie eingesetzten Platten wurden von der Fa. MERCK (Kieselgel 60, F_{254}) bezogen. Die Detektion erfolgte durch Anfärben mit einer Kaliumpermanganatlösung bzw. Fluoreszenzlöschung bei einer Wellenlänge von 254 nm. Die Lösungsmittelzusammensetzungen werden ebenfalls als Volumenverhältnis vermerkt.

Glovebox

Luftempfindliche bzw. hygroskopische Reagenzien wurden in einer Labstar LB10 Glovebox der Fa. MBRAUN unter Argon gelagert. Der Sauerstoffgehalt lag typischerweise bei weniger als 2 ppm.

NMR-Spektren

Die Messungen der ^{1}H- und ^{13}C-Spektren wurden in der Abteilung für NMR-Spektroskopie des Organisch-Chemischen Instituts der Westfälischen Wilhelms-Universität Münster an den Spektrometern AV 300 und AV 400 der Fa. BRUKER oder Unity Plus 600 der Fa. VARIAN durchgeführt. Die Messungen erfolgten in deuterierten Lösungsmitteln bei Raumtemperatur. Zur Auswertung der Spektren wurde das Programm Mestrenova der Fa. MESTRELAB RESEARCH SL verwendet. Die chemischen Verschiebungen δ in ppm sind relativ zu den restlichen Lösungsmittelsignalen angegeben. Zur Beschreibung der Spektren wird zunächst die für das Experiment genutzte Messfrequenz sowie das verwendete Lösungsmittel angegeben. Darauf folgt die Auflistung der chemischen Verschiebung von tiefen zu hohem Feld. Die Multiplizitäten der Signale werden dabei folgendermaßen benannt: Singulett (s), Dublett (d), Dublett von Dublett (dd), Dublett von Dublett von Dublett (ddd), Triplett (t), Quartett (q), Pentett (p), Septett (sept), Multiplett (m). Breite Signale werden mit dem Zusatz b gekennzeichnet. Die Kopplungskonstanten J werden in Hz angegeben.

Elektrospray-Ionisationsmassenspektrogramme (ESI-MS)

ESI-MS-Spektren wurden in der Abteilung für Massenspektrometrie des Organisch-Chemischen Instituts der Westfälischen Wilhelms-Universität an einem MicroTOF der Fa. BRUKER DALTRONICS vermessen.

Gaschromatographie mit gekoppelter Massenspektrometrie (GC-MS)

GC-MS-Chromatogramme wurden mit Hilfe eines Spektrometers bestehend aus einem GC 7890A und 5975C inert GCMSD der Fa. AGILENT TECHNOLOGIES, INC. aufgenommen. Als Säule wurde eine HP-5MS Säule (30 m Länge, 0.32 mm Innenduch-messer, 0.25 µm Filmdicke) der Fa. J & W 38 SCIENTIFIC verwendet. Die verwendete Messmethode „50_40" besagt, dass die Injektion bei 50 °C erfolgt, wobei diese Temperatur für 3 min konstant gehalten wird, und danach die Temperatur über eine Minute um 40 °C erhöht wird, bis eine Temperatur von 290 °C erreicht wird, welche für insgesamt 4 min gehalten wird. Zur Aufnahme und Auswertung der Spektren wurde die Software MSD Chemstation der Fa. AGILENT TECHNOLOGIES, INC. verwendet. Es werden die Retentionszeiten sowie die Hauptsignale der Masse-zu-Ladungsverhältnisse mit den entsprechenden Intensitäten in Klammern angege-ben.

Gaschromatographie mit gekoppelter Flammenionisation (GC-FID)

GC-FID-Spektren wurden durch ein Spektrometer bestehend aus einem GC 6890 sowie einem Flammenionisator der Fa. AGILENT TECHNOLOGIES, INC. aufgenommen. Als Säule wurde eine HP-5 Säule eingesetzt. Die Injektion erfolgte bei einer Tempe-ratur von 50 °C, welche über 3 min konstant gehalten wurde, worauf eine Tempe-raturerhöhung von 5 °C über eine Minute bis zu einer Temperatur von 280 °C er-folgte, welche ebenfalls für 3 min konstant gehalten wurde. Sofern notwendig wurde als interner Standard Mesitylen eingesetzt.

Infrarotspektroskopie (IR)

IR-Spektren wurden mit einem FT-IR 2100 Excalibur Series der Fa. VARIAN ASSOCIA-TED ausgestattet mit der Golden Gate Single Reflection ATR-Einheit der Fa. SPECAC aufgenommen. Die Auswertung erfolgte mit der Software Resolution Pro der Fa. VARIAN ASSOCIATED. Die Messergebnisse sind als Wellenzahlen in cm^{-1} angegeben.

4.2 Versuchsvorschriften

4.2.1 Synthese der Cholesterol-abgeleiteten NHCs

Cholestanol (44)[45]

Zur Synthese des Cholestanols **44** wurde Cholesterol (9.67 g, 25.0 mmol, 1 Äquiv.) in Ethanol (730 mL) sus-pendiert, Palladium auf Kohle (10% Pd, 47% H$_2$O; 1.17 g, 0.5 mmol, 0.02 Äquiv.) hinzugegeben und der Kolben mit einem mit Wasserstoff gefüllten Ballon ausgestattet. Die Reaktion wurde für vier Tage bei

60 °C gerührt, der Feststoff über Kieselguhr abfiltriert, mit Ethanol gespült und die Lösung konzentriert. Das Produkt **44** konnte ohne weitere Aufarbeitung als weißer Feststoff (9.63 g, 24.8 mmol, 99%) erhalten werden.

¹H-NMR (300 MHz, CDCl₃): δ (ppm) = 3.64 - 3.52 (m, 1H), 1.99 - 1.91 (m, 1H), 1.87 - 0.93 (m, 30H), 0.89 (d, J = 6.5 Hz, 3H), 0.85 (dd, J = 6.6, 1.3 Hz, 6H), 0.79 (s, 3H), 0.64 (s, 3H), 0.62 - 0.54 (m, 1H).

¹³C{¹H}-NMR (101 MHz, CDCl₃): δ (ppm) = 77.5, 56.6. 56.4, 54.5, 45.0, 42.7, 40.2, 40.0, 38.4, 37.2, 36.3, 36.0, 35.6, 35.0, 32.2, 31.7, 28.9, 28.4, 28.1, 24.4, 24.0, 23.0, 22.7, 21.4, 18.8, 12.5, 12.2.

ESI-MS: berechnet [(C₂₇H₄₈O)₂Na]⁺: 799.7303, gefunden: 799.7300.

Cholestanon (45)

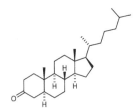

Cholestanol **44** (4.50 g, 11.6 mmol, 1 Äquiv.) wurde in einen ausgeheizten, argongefüllten Schlenkkolben gegeben und mit einer Mischung aus trockenem Dichlormethan (45 mL) und trockenem DMSO (9 mL, 127.6 mmol, 11 Äquiv.) gelöst. Trockenes Triethylamin (8 mL, 58.0 mmol, 5 Äquiv.) sowie Schwefeltrioxid-Pyridin-Komplex (3.69 g, 23.2 mmol, 2 Äquiv.) wurden bei 0 °C hinzugefügt und die Lösung für 3 h bei Raumtemperatur gerührt. Zur vollständigen Umsetzung des Startmaterials wurde ein weiteres Äquivalent des Schwefeltrioxid-Pyridin-Komplexes (1.85 g, 11.6 mmol, 1 Äquiv.) zugegeben und die Lösung für weitere 2 h bei Raumtemperatur gerührt. Die Lösung wurde mit Dichlormethan (45 mL) verdünnt, die organische Phase mit Salzsäure (1 M, 45 mL), gesättigter, wässriger Natriumhydrogencarbonat-Lösung (45 mL) und Wasser (45 mL) gewaschen und die organische Phase über Magnesiumsulfat getrocknet. Die Lösung wurde bei vermindertem Druck konzentriert und der Rückstand durch säulenchromatographische Trennung (n-Pentan/Ethylacetat = 95/5) gereinigt. Das Produkt **45** (2.64 g, 6.8 mmol, 59%) konnte als weißer Feststoff erhalten werden.

¹H-NMR (400 MHz, CDCl₃): δ (ppm) = 2.44 - 2.19 (m, 3H), 2.11 - 1.94 (m, 3H), 1.88 - 0.93 (m, 27H), 0.90 (d, J = 6.5 Hz, 3H), 0.86 (dd, J = 6.6, 1.6 Hz, 6H), 0.76 - 0.70 (m, 1H), 0.67 (s, 3H).

^{13}C{^{1}H}-NMR (101 MHz, CDCl$_3$): δ (ppm) = 212.3, 56.4, 56.4, 53.9, 46.8, 44.9, 42.7, 40.0, 39.6, 38.7, 38.3, 36.3, 35.9, 35.8, 35.5, 31.9, 29.1, 28.4, 28.2, 24.4, 24.0, 23.0, 22.7, 21.6, 18.8, 12.2, 11.6.

ESI-MS: berechnet [C$_{27}$H$_{46}$ONa]$^+$: 409.3441, gefunden: 409.3429.

R$_F$ (n-Pentan/Ethylacetat = 95/5): 0.38 (KMnO$_4$).

2α-Bromcholestan-3-on (46)[45]

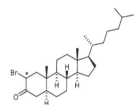

Cholestanon 45 (1.55 g, 4.0 mmol, 1 Äquiv.) wurde in konzentrierter Essigsäure (47 mL) suspendiert. Eine Lösung aus Brom (225 µL, 4.4 mmol, 1.1 Äquiv.), Bromwasserstoffsäure (48%ww; einige Tropfen) und konzentrierter Essigsäure (3.7 mL) wurde hergestellt. Um die Lösung vollständig überführen zu können, wurde mit konzentrierter Essigsäure (1 mL) gespült. Die gesamte Lösung wurde tropfenweise zu der Cholestanon-Lösung zugegeben und die Lösung für 1 h bei Raumtemperatur gerührt. Der Lösung wurde Wasser (60 mL) hinzugefügt, der entstandene Feststoff abfiltriert und umkristallisiert (Ethanol/Aceton = 5/1). Das Produkt 46 konnte (1.62 g, 3.5 mmol, 87%) als weißer Feststoff erhalten werden.

^{1}H-NMR (300 MHz, CDCl$_3$): δ (ppm) = 4.75 (dd, J = 13.4, 6.3 Hz, 1H), 2.63 (dd, J = 12.9, 6.3 Hz, 1H), 2.46 - 2.35 (m, 2H), 2.03 - 0.93 (m, 28H), 0.90 (d, J = 6.5 Hz, 3H), 0.86 (dd, J = 6.6, 1.3 Hz, 6H), 0.81 - 0.72 (m, 1H), 0.67 (s, 3H).

^{13}C{^{1}H}-NMR (101 MHz, CDCl$_3$) : δ (ppm) = 201.4, 56.3, 56.2, 54.8, 53.7, 51.9, 47.6, 44.1, 42.7, 39.8, 39.6, 39.1, 36.2, 35.9, 35.2, 31.6, 28.6, 28.3, 28.1, 24.3, 23.9, 23.0, 22.7, 21.6, 18.8, 12.3, 12.2.

ESI-MS: berechnet [C$_{27}$H$_{45}$BrONa]$^+$: 487.2546, gefunden: 487.2548.

Allgemeine Vorschrift zur Zyklisierung von 2α-Bromcholestan-3-on mit Formamidinen[45]

Die Zyklisierungen wurden in ausgeheizten Schlenkrohren in einer Argonatmosphäre durchgeführt. Zunächst wurde 2α-Bromcholestan-3-on 46 (563 mg, 1.30 mmol, 1.8 Äquiv.) zugefügt, gefolgt von dem entsprechenden Formamidin (0.72 mmol, 1 Äquiv.), trockenem Acetonitril (1.9 mL) und N,N-Diisopropylethylamin (430 µL, 2.52 mmol, 3.5 Äquiv.). Die Lösung wurde 3 Tage bei 120 °C gerührt und zunächst am Rotationsverdampfer und für 2 h bei 50 °C unter reduziertem Druck getrocknet. Zu dem Öl wurden trockenes Toluol (2 mL) und Essigsäureanhydrid (200 µL, 2.16 mmol, 3 Äquiv.) hinzugefügt und die Lösung für 10 min bei 90 °C gerührt. Nach Abkühlen auf Raumtemperatur wurde Bromwasserstoffsäure (48%ww; 150 µL, 1.10 mmol, 1.5 Äquiv.) hinzugefügt und die Lösung für weitere 20 h bei 130 °C gerührt. Die Lösung wurde in einen Schütteltrichter gefüllt mit Dichlormethan und Wasser (je 20 mL) gegeben, mit Dichlormethan (3 x 15 mL) extrahiert, die organische Phase über Magnesiumsulfat getrocknet und unter vermindertem Druck eingeengt. Das Öl wurde durch säulenchromatographische Aufreinigung (Dichlormethan/ Methanol = 100/0 bis 92/8) gereinigt.

Cholestan-IPr-HBr (43a)

Der obigen allgemeinen Vorschrift folgend wurde 2,6-Diisopropylphenylformamidin (204 mg, 0.56 mmol, 1 Äquiv.) eingesetzt. Nach säulenchromatographischer Trennung konnte das Produkt **43a** (228 mg, 0.28 mmol, 39%) als cremefarbenen Feststoff erhalten werden.

^{1}H-NMR (300 MHz, CDCl$_3$): δ (ppm) = 11.14 (s, 1H), 7.60 - 7.49 (m, 2H), 7.36 - 7.30 (m, 4H), 2.46 - 2.31 (m, 2H), 2.30 - 2.15 (m, 4H), 2.03 - 0.80 (m, 60H), 0.78 (s, 3H), 0.63 (s, 3H).

^{13}C{^{1}H}-NMR (75 MHz, CDCl$_3$): δ (ppm) = 145.4, 145.2, 144.9, 144.9, 138.9, 132.2, 132.1, 130.9, 129.9, 127.9, 127.7, 125.0, 124.9, 124.8, 124.8, 56.2, 56.1, 53.1, 42.4, 41.5, 39.6, 39.5, 37.1, 36.2, 35.8, 35.5, 34.0, 31.2, 29.4, 29.4, 29.3, 28.7, 28.2, 28.1, 25.3, 25.3, 25.2, 24.9, 24.2, 23.8, 23.5, 23.4, 23.3, 23.1, 22.9, 22.6, 21.2, 18.7, 12.0, 11.4.

ESI-MS: berechnet [C$_{52}$H$_{79}$N]$^+$: 731.6238, gefunden: 731.6224.

ATR-FTIR (cm^{-1}): 3306, 3163, 3036, 2959, 2361, 1620, 1570, 1458, 1427, 1265, 1246, 1169, 729, 698, 621.

R$_F$ (Dichlormethan/Methanol = 95/5): 0.24 (KMnO$_4$).

Cholestan-IMes-HBr (43b)

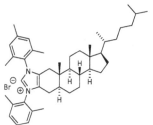

Der obigen allgemeinen Vorschrift folgend wurde Mesitylformamidin (160 mg, 0.56 mmol, 1 Äquiv.) eingesetzt. Das Produkt **43b** (330 mg, 0.45 mmol, 63%) konnte als cremefarbener Feststoff erhalten werden.

^{1}H-NMR (300 MHz, CDCl$_3$): δ (ppm) = 10.31 (s, 1H), 7.02 (s, 4H), 2.33 (s, 6H), 2.28 - 0.77 (m, 53H), 0.62 (s, 3H).

^{13}C{^{1}H}-NMR (75 MHz, CDCl$_3$): δ (ppm) = 141.3, 137.3, 134.7, 134.5, 134.4, 134.1, 130.2, 130.0, 130.0, 129.8, 129.1, 128.7, 128.6, 56.2, 56.1, 53.2, 42.4, 41.7, 39.6, 39.5, 37.0, 36.1, 35.8, 35.5, 34.0, 31.2, 28.6, 28.2, 28.1, 24.6, 24.2, 23.8, 22.9, 22.6, 21.3, 18.7, 17.9, 17.9, 17.8, 17.8, 12.0, 11.9.

ESI-MS: berechnet [C$_{46}$H$_{67}$N]$^+$: 647.5299, gefunden: 647.5299.

ATR-FTIR (cm^{-1}): 3051, 2928, 2361, 1559, 1404, 1265, 1069, 733, 702.

R$_F$ (Dichlormethan/Methanol = 95/5): 0.38 (KMnO$_4$).

Allgemeine Vorschrift zur Goldkomplexsynthese[45]

In einer Glovebox wurden (Tetrahydrothiophen)gold(I)-chlorid (32.8 mg, 0.10 mmol, 1 Äquiv.) und Kaliumcarbonat (13.8 mg, 0.10 mmol, 1 Äquiv.) in ein ausgeheiztes Schlenkrohr gefüllt. Das Imidazoliumsalz (0.10 mmol, 1 Äquiv.) sowie trockenes Aceton (0.5 mL) wurden zugegeben und die Lösung für 20 h bei 60 °C gerührt. Das Produkt konnte durch säulenchromatographische Trennung (Dichlormethan/n-Pentan = 3/2) gereinigt werden.

(Cholestan-IPr)gold(I)bromid (47a)

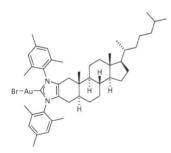

Der obigen allgemeinen Vorschrift folgend wurde Cholestan-IPr-HBr (81.4 mg, 0.10 mmol, 1 Äquiv.) verwendet, wodurch das Produkt **47a** als Feststoff (75.1 mg, 0.075 mmol, 75%) gewonnen werden konnte.

^{1}H-NMR (400 MHz, CDCl$_3$): δ (ppm) = 7.48 - 7.41 (m, 2H), 7.28 - 7.21 (m, 4H), 2.57 - 2.32 (m, 4H), 2.15 - 2.02 (m, 2H), 1.94 - 0.79 (m, 60H), 0.73 (s, 3H), 0.60 (s, 3H).

^{13}C{^{1}H}-NMR (101 MHz, CDCl$_3$): δ (ppm) = 175.4, 146.1, 146.0, 145.7, 145.7, 132.2, 132.0, 130.7, 130.6, 129.0, 127.9, 124.5, 124.4, 124.3, 124.3, 56.3, 53.9, 53.4, 42.5, 41.9, 39.8, 39.6, 37.1, 36.2, 35.8, 35.6, 35.1, 31.9, 31.4, 29.4, 28.9, 28.9, 28.8, 28.3, 28.1, 25.9, 25.2, 25.1, 25.0, 24.9, 24.3, 23.9, 23.7, 23.7, 23.4, 22.9, 22.7, 21.2, 18.7, 12.1, 11.3.

ESI-MS: berechnet [C$_{52}$H$_{78}$AuBrN$_2$Na]$^+$: 1029.4912, gefunden: 1029.4854.

ATR-FTIR (cm^{-1}): 3171, 2909, 2361, 1589, 1508, 1354, 1265, 988, 899, 810, 729, 702.

R$_F$ (Dichlormethan/*n*-Pentan = 3/2): 0.87 (KMnO$_4$).

(Cholestan-IMes)gold(I)bromid (47b)

Der obigen allgemeinen Vorschrift folgend wurde Cholestan-IMes-HBr (73 mg, 0.10 mmol, 1 Äquiv.) eingesetzt. Der Goldkomplex **47b** (87.7 mg, 0.095 mmol, 95%) konnte als Feststoff erhalten werden.

^{1}H-NMR (400 MHz, CDCl$_3$): δ (ppm) = 6.96 (s, 4H), 2.33 (s, 6H), 2.18 - 0.71 (m, 53H), 0.63 (s, 3H).

^{13}C{^{1}H}-NMR (101 MHz, CDCl$_3$): δ (ppm) = 173.3, 139.5, 139.5, 135.1, 135.0, 134.8, 134.6, 133.0, 132.9, 129.6, 129.6, 129.5, 128.3, 127.2, 56.3, 53.9, 53.5, 42.5, 42.0,

39.8, 39.6, 37.0, 36.2, 35.8, 35.6, 35.0, 31.9, 31.5, 31.2, 31.1, 29.4, 28.8, 28.2, 28.1, 25.5, 24.3, 23.9, 22.9, 22.7, 21.4, 21.3, 18.7, 17.9, 17.9, 12.1, 11.8.

ESI-MS: berechnet $[C_{46}H_{66}AuBrN_2Na]^+$: 945.3973, gefunden: 945.3940.

ATR-FTIR (cm^{-1}): 3055, 2361, 1484, 1420, 1265, 1096, 1007, 895, 733, 702.

R_F (Dichlormethan/n-Pentan = 3/2): 0.58 (KMnO$_4$).

2α-Hydroxycholestan-3-on (50)

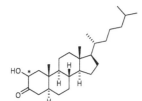

Es wurde eine abgewandelte Vorschrift von RODRÍGUEZ und JIMÉNEZ *et al.* ausgehend von 2α-Bromcholestan-3-on **46** verwendet.[50] 2α-Bromcholestan-3-on (460 mg, 1.0 mmol, 1 Äquiv.), Kaliumcarbonat (2.56 g, 18.5 mmol, 18.5 Äquiv.), Aceton (52 mL, 710 mmol, 710 Äquiv.) und Wasser (13 mL, 710 mmol, 710 Äquiv.) wurden in einen Kolben gefüllt und bei 45 °C für 18 h gerührt. Der Lösung wurde Wasser zugefügt. Anschließend wurde mit Chloroform (3 x 50 mL) extrahiert, die vereinten organischen Phasen mit Magnesiumsulfat getrocknet und die Lösung unter vermindertem Druck konzentriert. Ohne weitere Aufarbeitung konnte das Produkt **50** (400 mg, 0.99 mmol, 99%) als weißer Feststoff erhalten werden.

¹H-NMR (600 MHz, CD$_2$Cl$_2$): δ (ppm) = 4.28 - 4.13 (m, 1H), 3.39 (bs, 1H), 3.10 - 2.85 (m, 1H), 2.67 - 2.04 (m, 5H), 2.02 - 1.97 (m, 1H), 1.88 - 1.79 (m, 1H), 1.74 - 1.67 (m, 1H), 1.66 - 1.45 (m, 4H), 1.45 - 0.60 (m, 31H).

¹³C{¹H}-NMR (151 MHz, CD$_2$Cl$_2$): δ (ppm) = 211.7, 73.4, 56.9 56.8 54.40, 49.2, 49.0, 43.2, 43.0, 40.5, 40.1, 37.6, 36.7, 36.4, 35.3, 32.3, 29.2, 28.8, 28.6, 24.8, 24.4, 23.1, 22.9, 22.2, 19.0, 13.12, 12.4.

ESI-MS: berechnet $[C_{27}H_{46}O_2Na]^+$: 425.3396, gefunden: 425.3384.

ATR-FTIR (cm^{-1}): 2932, 2866, 2851, 1717, 1466, 1443, 1381, 1366, 1335, 1288, 1258, 1188, 1173, 1153, 1115, 1088, 1061, 1026, 991, 953, 930, 907, 810, 729, 652, 617.

3β-Methansulfonyloxycholestan (53)[57]

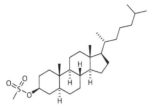

In einem ausgeheizten und mit Argon gefüllten Kolben wurde Cholestanol **44** (1.94 g, 5.0 mmol, 1 Äquiv.) in trockenem Dichlormethan (25 mL) gelöst und trockenes Triethylamin (970 μL, 7.0 mmol, 1.4 Äquiv.) hinzugegeben. Die Lösung wurde auf 0 °C gekühlt, Mesylchlorid (460 μL, 6.0 mmol, 1.2 Äquiv.) tropfenweise durch eine Spritze hinzugegeben und die Lösung für 30 min bei 0 °C gerührt. Die organische Phase wurde mit Wasser, Salzsäure (2 M), Wasser, gesättigter, wässriger Natriumhydrogencarbonat-Lösung und erneut mit Wasser (jeweils 12 mL) gewaschen, die organische Phase über Magnesiumsulfat getrocknet und unter vermindertem Druck konzentriert. Nach säulenchromatographischer Trennung (*n*-Pentan/Ethylacetat = 7/1 zu 5/1) lag das Produkt **53** (2.15 g, 4.6 mmol, 92%) als weißer Feststoff vor.

^{1}H-NMR (300 MHz, CDCl$_3$): δ (ppm) = 4.67 - 4.54 (m, 1H), 2.99 (s, 3H), 2.02 -1.92 (m, 2H), 1.85 - 1.41 (m, 9H), 1.40 - 0.94 (m, 19H), 0.91 - 0.80 (m, 13H), 0.64 (s, 3H).

^{13}C{^{1}H}-NMR (75 MHz, CDCl$_3$): δ (ppm) = 82.4, 56.5, 56.4, 54.2, 45.0, 42.7, 40.0, 39.6, 39.0, 36.9, 36.3, 35.9, 35.5, 35.4, 35.3, 32.0, 28.8, 28.6, 28.4, 28.1, 24.3, 24.0, 23.0, 22.7, 21.3, 18.8, 12.3, 12.2.

ESI-MS: berechnet [C$_{28}$H$_{50}$O$_3$SNa]$^+$: 489.3378, gefunden: 489.3371.

ATR-FTIR (cm^{-1}): 2932, 2866, 2847, 1466, 1354, 1331, 1173, 1134, 968, 934, 907, 864, 837, 756.

R$_F$ (*n*-pentane/Ethylacetat = 5/1): 0.4 (KMnO$_4$).

3α-Azidocholestan (54)

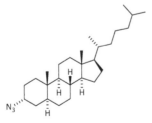

Zur Synthese des Azids **54** wurde eine von DAVIS *et al.* abgewandelte Vorschrift verwendet.[74] 3β-Methansulfonyl-oxycholestan **53** (934 mg, 2.0 mmol, 1 Äquiv.) wurde in einem ausgeheizten, mit Argon befülltem Kolben in DMPU (6.8 mL) gelöst. Natriumazid (910 mg, 14.0 mmol, 7 Äquiv.) wurde langsam hinzugefügt und die Lösung für 24 h bei 80 °C gerührt. Durch Zugabe von Diethylether und Wasser (je 10 mL) wurde die

Reaktion gestoppt, die Lösung mit Diethylether (3 x 10 mL) extrahiert, die vereinten organischen Phasen mit Magnesiumsulfat getrocknet und unter vermindertem
Druck konzentriert. Der weiße Feststoff **54** (792 mg, 1.9 mmol, 95%) konnte nach
säulenchromatographischer Trennung (n-pentane/Ethylacetat = 95/5) gewonnen
werden.

^{1}H-NMR (400 MHz, CDCl$_3$): δ (ppm) = 3.93 - 3.83 (m, 1H), 2.00 - 1.92 (m, 1H), 1.88 -
1.75 (m, 1H), 1.73 - 1.60 (m, 3H), 1.57 - 0.93 (m, 25H), 0.91 - 0.84 (m, 9H), 0.78 (s,
3H), 0.76 - 0.67 (m, 1H), 0.64 (s, 3H).

^{13}C{^{1}H}-NMR (101 MHz, CDCl$_3$): δ (ppm) = 58.4, 56.6, 56.4, 54.3, 42.7, 40.2, 40.1,
39.7, 36.3, 36.0, 36.0, 35.6, 33.0, 32.7, 32.0, 28.5, 28.4, 28.2, 25.8, 24.3, 24.0, 23.0,
22.7, 20.9, 18.8, 12.2, 11.7.

ATR-FTIR (cm^{-1}): 2932, 2866, 2083, 1458, 1377, 1358, 1312, 1261, 1161, 1030, 972,
957, 930, 845, 829, 733, 613.

R$_F$ (n-pentane/Ethylacetat = 5/1): 0.17 (KMnO$_4$).

3α-Aminocholestan (52)[57]

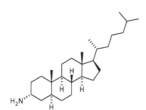

3α-Azidocholestan **54** (210 mg, 0.5 mmol, 1 Äquiv.),
Palladium auf Kohle (10% Pd, 47% H$_2$O; 110 mg,
0.05 mmol, 0.1 Äquiv.) und n-Hexan (4 mL) wurden in
ein Schlenkrohr gefüllt, mit Wasserstoff durchspült
und eine Atmosphäre von 1 bar Wasserstoff eingestellt. Die Lösung wurde über Nacht bei Raumtempe-
ratur gerührt, über Kieselguhr gefiltert und mit n-Hexan gespült. Die Lösung wurde
unter vermindertem Druck konzentriert. Das Produkt **52** (170 mg, 0.45 mmol, 90%)
konnte ohne weitere Aufarbeitung als weißer Feststoff gewonnen werden.

^{1}H-NMR (400 MHz, CDCl$_3$): δ (ppm) = 3.18 (bs, 1H), 1.99 - 1.91 (m, 1H), 1.86 - 0.94
(m, 29H), 0.89 (d, J = 6.5 Hz, 3H), 0.87 (d, J = 1.4 Hz, 3H), 0.84 (d, J = 1.3 Hz, 3H),
0.77 (s, 3H), 0.74 - 0.66 (m, 1H), 0.64 (s, 3H).

^{13}C{^{1}H}-NMR (101 MHz, CDCl$_3$): δ (ppm) = 57.1, 56.7, 55.0, 46.3, 43.1, 40.6, 40.0,
39.7, 36.8, 36.7, 36.6, 36.3, 36.0, 32.6, 32.5, 29.5, 29.2, 28.7, 28.5, 24.7, 24.3, 23.3,
23.0, 21.6, 19.1, 12.6, 11.8.

ESI-MS: berechnet [C$_{27}$H$_{49}$NH]$^+$: 388.3938, gefunden: 388.3932.

ATR-FTIR (cm^{-1}): 2928, 2851, 1574, 1466, 1447, 1381, 1366, 1261, 1169, 1123, 1022, 999, 961, 934, 845, 806, 733, 679, 629.

1-Cholestanimidazol (55)

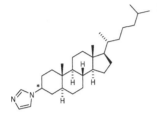

Zur Synthese des 1-Cholestanimidazols wurde eine abgewandelte Synthesevorschirft von BURGESS et al. verwendet.[58] 3α-Aminocholestan **52** (310 mg, 0.8 mmol, 1 Äquiv.) und Wasser (410 µL) wurden in einen Schlenkkolben vorgelegt. Durch Zugabe von konzentrierter Phosphorsäure wurde ein pH-Wert von 2 eingestellt. Para-Formaldehyd (24 mg,
0.8 mmol, 1 Äquiv.), Glyoxal (40 wt%; 92 µL, 0.8 mmol, 1 Äquiv.) sowie Wasser und 1,4-Dioxan (je 410 µL) wurden hinzugefügt und die Lösung für 1 h bei 80 °C gerührt. Gesättigte Ammoniumchlorid-Lösung (115 µL, 0.8 mmol, 1 Äquiv.) wurde zu getropft und das Gemisch für 3 h bei 100 °C gerührt. Die Lösung wurde auf 0 °C gekühlt und Natronlauge (10 M) bis zum Erreichen eines pH-Wertes von 12 zugegeben. Die Lösung wurde auf Raumtemperatur aufgewärmt, Wasser (2 mL) zugegeben, mit n-Pentan (3 x 5 mL) und Dichlormethan (2 x 5 mL) extrahiert, die organische Phase über Magnesiumsulfat getrocknet und unter vermindertem Druck konzentriert. Das Produkt **55** wurde mittels Säulenchromatographie (Dichlormethan/Methanol = 10:0 bis 9:1) gereinigt und als Feststoff (60 mg, 0.135 mmol, 17%) erhalten.

^{1}H-NMR (300 MHz, CDCl$_3$): δ (ppm) = 7.64 (s, 1H), 7.07 (s, 1H), 7.02 (s, 1H), 4.49 - 4.09 (m, 1H), 2.23 - 1.40 (m, 11H), 1.37 - 0.92 (m, 19H), 0.91 - 0.76 (m, 13H), 0.63 (s, 3H).

^{13}C{^{1}H}-NMR (75 MHz, CDCl$_3$): δ (ppm) = 136.3, 129.1, 118.2, 56.5, 56.3, 54.3, 52.3, 42.7, 40.0, 39.9, 39.6, 36.3, 36.0, 35.9, 35.5, 33.6, 33.4, 31.8, 28.4, 28.3, 28.1, 26.0, 24.2, 24.0, 23.0, 22.7, 20.8, 18.8, 12.2, 11.9.

ESI-MS: berechnet [C$_{30}$H$_{50}$N$_2$H]$^+$: 493.4042, gefunden: 493.4043.

ATR-FTIR (cm^{-1}): 2932, 2866, 2207, 1670, 1497, 1466, 1447, 1373, 1335, 1304, 1258, 1219, 1169, 1111, 1080, 1022, 964, 907, 810, 729, 644.

R$_F$ (Dichlormethan/Methanol = 9/1) = 0.48 (KMnO$_4$).

Allgemeine Vorschrift zur Synthese gemischter Cholestan-Imidazoliumsalze

In einem ausgeheiztem, Argon gefüllten Schlenkrohr wurden 3β-Methansulfonyl-oxycholestan **53** (1 Äquiv.) und das entsprechende Imidazol (10 bis 25 Äquiv.) für 15 h bei 80 °C gerührt. Die Aufreinigung erfolgte mittels Säulenchromatographie (Dichlormethan/Methanol = 10/0 bis 9/1).

1-Cholestan-3-Methyl-1H-imidazoliummethansulfonat (57b)

Der obigen allgemeinen Vorschrift folgend wurden 3β-Methansulfonyloxycholestan **53** (467 mg, 1.0 mmol, 1 Äquiv.) und 1-Methylimidazol (2 mL, 25.0 mmol, 25 Äquiv.) verwendet. Das Produkt **57b** (310 mg, 0.57 mmol, 57%) wurde als gelblicher Feststoff gewonnen.

¹H-NMR (300 MHz, CDCl₃): δ (ppm) = 10.01 (s, 1H), 7.40 (s, 1H), 7.33 (s, 1H), 4.56 (bs, 1H), 4.11 (s, 3H), 2.75 (s, 3H), 2.37 - 2.28 (m, 1H), 2.17 - 1.42 (m, 10H), 1.40 - 0.90 (m, 19H), 0.89 - 0.81 (m, 13H), 0.61 (s, 3H).

¹³C{¹H}-NMR (75 MHz, CDCl₃): δ (ppm) = 138.3, 123.3, 120.6, 56.4, 56.3, 56.2, 54.1, 42.6, 40.0, 39.9, 39.7, 39.6, 36.8, 36.2, 36.0, 35.9, 35.4, 32.8, 32.3, 31.7, 28.3, 28.1, 28.0, 25.0, 24.2, 24.0, 22.9, 22.7, 20.8, 18.7, 12.1, 11.9.

ESI-MS: berechnet $[C_{31}H_{53}N_2]^+$: 453.4203, gefunden: 453.4200.

ATR-FTIR (cm⁻¹): 3395, 3140, 3075, 2936, 2851, 2234, 1570, 1451, 1377, 1335, 1312, 1188, 1142, 1042, 953, 907, 799, 768, 729, 629, 606.

R_F (Dichlormethan/Methanol = 9/1) = 0.06 (KMnO₄).

1-Cholestan-3-Isopropyl-1H-imidazoliummethansulfonat (57c)

Der obigen allgemeinen Vorschrift folgend wurden 3β-Methansulfonyloxycholestan **53** (233 mg, 0.5 mmol, 1 Äquiv.) und 1-Isopropylimidazol (0.6 mL, 5.0 mmol, 10 Äquiv.) eingesetzt. Das Produkt 57c (200 mg, 0.35 mmol, 70%) konnte als weißer Feststoff erhalten werden.

¹H-NMR (300 MHz, CDCl₃): δ (ppm) = 10.33 (s, 1H), 7.37 - 7.33 (m, 2H), 5.09 (sept, J = 6.7 Hz, 1H), 4.70 (bs, 1H), 2.78 (s, 3H), 2.38 - 2.28 (m, 1H), 2.18 - 1.66 (m, 8H), 1.61 (s, 3H), 1.59 (s, 3H), 1.47 - 0.94 (m, 22H), 0.87 - 0.81 (m, 12H), 0.62 (s, 3H).

¹³C{¹H}-NMR (75 MHz, CDCl₃): δ (ppm) = 137.4, 120.7, 118.6, 56.5, 56.4, 56.2, 54.3, 53.2, 42.6, 40.4, 39.9, 39.7, 39.6, 36.2, 36.0, 35.9, 35.4, 33.1, 32.5, 31.7, 28.3, 28.1, 28.1, 25.2, 24.2, 24.0, 23.3, 23.3, 22.9, 22.7, 20.8, 18.8, 12.2, 11.9.

ESI-MS: berechnet [C₃₃H₅₇N₂]⁺: 481.4516, gefunden: 481.4503.

ATR-FTIR (cm⁻¹): 2940, 2866, 2238, 1551, 1458, 1377, 1335, 1192, 1138, 1042, 907, 826, 768, 725, 644.

R_F (Dichlormethan/Methanol = 9/1) = 0.2 (KMnO₄).

1-Cholestan-3-Benzyl-1H-imidazoliummethansulfonat (57d)

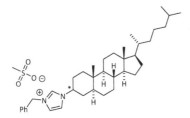

Der obigen allgemeinen Vorschrift folgenden wurden 3β-Methansulfonyloxycholestan **53** (233 mg, 0.5 mmol, 1 Äquiv.) und 1-Benzylimidazol (791 mg, 5.0 mmol, 10 Äquiv.) verwendet. Das Produkt **57d** (220 mg, 0.36 mmol, 72%) konnte als weißer Feststoff erhalten werden.

¹H-NMR (300 MHz, CDCl₃): δ (ppm) = 10.45 (s, 1H), 7.51 - 7.44 (m, 2H), 7.40 – 7.34 (m, 3H), 7.27 (d, J = 1.9 Hz, 1H), 7.19 (d, J = 1.9 Hz, 1H), 5.62 (s, 2H), 4.58 (bs, 1H), 2.79 (s, 3H), 2.40 - 2.28 (m, 1H), 2.16 - 1.42 (m, 10H), 1.37 - 0.92 (m, 19H), 0.88 - 0.79 (m, 13H), 0.62 (s, 3H).

¹³C{¹H}-NMR (75 MHz, CDCl₃): δ (ppm) = 138.0, 133.5, 132.8, 129.5, 129.5, 129.3, 121.4, 120.7, 110.1, 87.44, 56.4, 56.3, 54.2, 53.5, 42.6, 40.1, 39.9, 39.7, 39.6, 36.2, 36.0, 35.9, 35.4, 32.8, 32.3, 31.7, 28.3, 28.1, 28.0, 25.1, 24.2, 24.0, 22.9, 22.7, 20.8, 18.8, 12.1, 11.9.

ESI-MS: berechnet [C₃₇H₅₇N₂]⁺: 529.4516, gefunden: 521.4511.

ATR-FTIR (cm⁻¹): 3125, 3040, 2936, 2866, 2234, 1555, 1454, 1373, 1335, 1254, 1192, 1138, 1076, 1042, 907, 826, 768, 729, 640, 610.

R_F (Dichlormethan/Methanol = 9/1) = 0.11 (KMnO₄).

1-Cholestan-3-Cyclohexyl-1*H*-imidazoliummethansulfonat (57e)

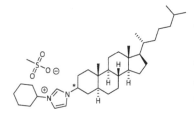

Der obigen allgemeinen Vorschrift folgend wurden 3β-Methansulfonyloxycholestan **53** (233 mg, 0.5 mmol, 1 Äquiv.) und 1-Cyclohexylimidazol (751 mg, 5.0 mmol, 10 Äquiv.) verwendet. Das Produkt **57e** (130 mg, 0.21 mmol, 42%) konnte als gelblicher Feststoff gewonnen werden.

^{1}H-NMR (300 MHz, CDCl$_3$): δ (ppm) = 10.10 (s, 1H), 7.30 (s, 1H), 7.25 (s, 1H), 4.67 (bs, 1H), 4.63 - 4.50 (m, 1H), 2.72 (s, 3H), 2.32 - 2.06 (m, 6H), 1.94 - 1.80 (m, 5H), 1.73 - 1.55 (m, 6H), 1.52 - 1.34 (m, 5H), 1.31 - 1.08 (m, 10H), 1.06 - 0.86 (m, 9H), 0.83 - 0.76 (m, 12H), 0.57 (s, 3H).

^{13}C{^{1}H}-NMR (75 MHz, CDCl$_3$): δ (ppm) = 137.2, 132.8, 120.5, 118.9, 59.9, 56.5, 56.4, 56.1, 54.4, 42.6, 40.4, 39.9, 39.7, 39.6, 36.2, 36.0, 35.9, 35.5, 35.4, 33.8, 33.7, 33.1, 32.5, 31.7, 28.3, 28.1, 25.2, 25.0, 24.8, 24.2, 24.0, 22.9, 22.7, 20.8, 18.8, 12.2, 11.9.

ESI-MS: berechnet [C$_{36}$H$_{61}$N$_2$]$^+$: 521.4835, gefunden: 521.4823.

ATR-FTIR (cm^{-1}): 3426, 3125, 3086, 2932, 2862, 2234, 1682, 1636, 1551, 1451, 1377, 1335, 1269, 1192, 1138, 1042, 991, 922, 907, 768, 729, 644.

R$_F$ (Dichlormethan/Methanol = 9/1) = 0.25 (KMnO$_4$).

4.2.2 Mizellare Goldkatalyse

Allgemeine Vorschrift für die Goldkatalysen

a) Katalysen in Wasser und 1,4-Dioxan

in einen ausgeheizten Schlenkkolben   wurde Silbertetrafluoroborat (1 mg, 0.005 mmol, 0.01 Äquiv.) in einer Glovebox eingewogen. Diphenylacetylene (89.1 mg, 0.50 mmol, 1 Äquiv.) sowie der entsprechende Goldkomplex (0.005 mmol, 0.01 Äquiv.), Wasser (0.25 mL) und 1,4-Dioxan (0.25 mL) wurden hinzugefügt und die Lösung für 24 h bei 80 °C gerührt. Der Umsatz und die Ausbeute wurden mittels GC-FID bestimmt, wobei Mesitylen als interner Standard genutzt wurde.

b) Katalysen in Wasser mit SDS-Zusatz

Analog zu a) wurden Silbertetrafluoroborat (1 mg, 0.005 mmol, 0.01 Äquiv.), Diphenylacetylene (89.1 mg, 0.50 mmol, 1 Äquiv.) sowie der entsprechende Gold-komplex (0.005 mmol, 0.01 Äquiv.) sowie Natriumdodecylsulfat (SDS, 12.5 mg) eingewogen. Wasser (1 M, 0.5 mL) wurde hinzugegeben und die Mischung für 24 h bei 50 °C gerührt. Die Analyse erfolgte wie bei a).

Nr	[Au]	Lösungsmittel	T	Umsatz*	Ausbeute*
1	47a	H_2O/1,4-Dioxan	80 °C	23%	15%
2	48a	H_2O/1,4-Dioxan	80 °C	35%	39%
3	47b	H_2O/1,4-Dioxan	80 °C	0%	0%
4	48b	H_2O/1,4-Dioxan	80 °C	0%	0%
5	47a	H_2O, SDS (2.5 w%)	50 °C	90%	60%
6	48a	H_2O, SDS (2.5 w%)	50 °C	26%	5%
7	47b	H_2O, SDS (2.5 w%)	50 °C	21%	6%
8	48b	H_2O, SDS (2.5 w%)	50 °C	0%	0%

4.2.3 Synthese der Campher-abgeleiteten NHCs

3-Bromcampher (59)[61]

Eine Lösung aus Brom (1.36 mL, 26.0 mmol, 1.06 Äquiv.) in konzentrier-ter Essigsäure (30 mL, sowie 5 mL um Aufnahme der gesamten Lösung zu gewährleisten) wurde zu einer Lösung aus Campher (3.81 g, 25.0 mmol, 1 Äquiv.) in Essigsäure (8 mL) über 3 h zu getropft. Die Re-aktion wurde für 24 h bei 80 °C gerührt. Gesättigte, wässrige Thiosulfatlösung (30 mL) wurde bei Raumtemperatur hinzugegeben, um überschüssiges Brom zu besei-tigen. Die Lösung wurde mit Diethylether extrahiert (3 x 30 mL) und die vereinten organischen Phasen mit gesättigter, wässriger Natriumhydrogencarbonat-Lösung gewaschen, die organische Phase über Magnesiumsulfat getrocknet und unter vermindertem Druck konzentriert. Das Produkt 59 (3.66 g, 15.8 mmol, 63%) bestehend aus dem endo- und exo-Isomer (7:1 (aus NMR entnommen)) wurde ohne weitere Aufarbeitung als gelber Feststoff gewonnen.

Hauptisomers: ^{1}**H-NMR** (300 MHz, CDCl$_3$): δ (ppm) = 4.62 (ddd, J = 4.8, 1.9, 0.9 Hz, 1H), 2.30 (t, J = 4.5 Hz, 1H), 2.08 (ddd, J = 13.2, 9.3, 4.0 Hz, 1H), 1.93 - 1.80 (m, 1H), 1.74 - 1.62 (m, 1H), 1.42 (ddd, J = 14.0, 9.4, 5.0 Hz, 1H), 1.07 (s, 3H), 0.97 (s, 3H), 0.93 (s, 3H).

ESI-MS: berechnet [(C$_{10}$H$_{15}$Br)$_2$Na]$^+$: 485.0485, gefunden: 485.0484.

GC-MS: R$_t$ (50_40): 7.507 min, (EI) m/z (%): 230.0 (12), 230.0 (12), 152.1 (8), 151.1 (32), 124.1 (9), 123.1 (100), 121.0 (6), 110.0 (17), 109.1 (15), 108.0 (15), 107.0 (11), 95.1 (40), 93.0 (10), 91.0 (14), 84.1 (6), 83.1 (90), 82.0 (8), 81.0 (49), 80.0 (7), 79.0 (16), 77.0 (14), 69.6 (40), 68.0 (20), 67.0 (28), 65.0 (8), 57.0 (7), 55.0 (48), 53.1 (17), 52.1 (5), 51.0 (9), 43.0 (9), 42.0 (5), 41.1 (51), 39.9 (7), 39.0 (33).

ATR-FTIR (cm^{-1}): 2959, 2924, 2874, 1751, 1474, 1443, 1393, 1373, 1319, 1277, 1242, 1207, 1103, 1034, 1003, 910, 860, 810, 764, 691, 648, 602.

Campherchinon (60)[46]

 Essigsäureanhydrid (6.3 mL), Campher (3.81 g, 25.0 mmol, 1 Äquiv.) und Selendioxid (6.38 g, 57.5 mmol, 2.3 Äquiv.) wurden in einen Kolben eingewogen und für 22 h refluxiert. Die Lösung wurde auf Raumtemperatur gekühlt, der Feststoff abfiltriert und der auf 0 °C gekühlten Lösung Wasser (10 mL) hinzugefügt. Durch Zugabe von Natronlauge (2 M) wurde ein neutraler pH-Wert eingestellt. Die Lösung wurde mit Dichlormethan (3 x 15 mL) extrahiert, die vereinigten organischen Phasen mit gesättigter, wässriger Natriumchloridlösung (15 mL) gewaschen, über Magnesiumsulfat getrocknet und unter vermindertem Druck konzentriert, wobei das Produkt **60** (4.01 g, 24.1 mmol, 96%) als gelb-oranger Feststoff gewonnen wurde.

^{1}**H-NMR** (400 MHz, CDCl$_3$): δ (ppm) = 2.62 (d, J = 5.4 Hz, 1H), 2.21 - 2.10 (m, 1H), 1.97 - 1.85 (m, 1H), 1.69 - 1.56 (m, 2H), 1.10 (s, 3H), 1.05 (s, 3H), 0.91 (s, 3H).

^{13}**C{**^{1}**H}-NMR** (101 MHz, CDCl$_3$): δ (ppm) = 204.3, 203.0, 58.8, 42.7, 30.1, 27.2, 22.4, 21.2, 17.5, 8.9.

ESI-MS: berechnet [C$_{10}$H$_{14}$O$_2$Na]$^+$: 189.0886, gefunden: 189.0882.

ATR-FTIR (cm^{-1}): 2986, 2955, 2874, 1751, 1740, 1478, 1447, 1393, 1371, 1289, 1227, 1196, 1165, 1107, 1065, 995, 964, 907, 822, 752, 694, 617.

Allgemeine Vorschrift zur Synthese von Campherdiiminen[75]

Die Reaktionen wurden in ausgeheizten, Argon befüllten Schlenkrohren durchgeführt. Zu einer Lösung von Anilin (2.4 Äquiv.) in Toluol (0.6 M) wurde bei Raumtemperatur langsam Trimethylaluminium zu getropft und die Lösung für 2 h refluxiert. Die Mischung wurde auf Raumtemperatur gekühlt, Campherchinon **60** (1 Äquiv.) vorsichtig zu gegeben und die Lösung für weitere 6 h refluxiert. Die Lösung wurde vorsichtig bei 0 °C mit Natronlauge (5%-ig) hydrolysiert, mit Ethylacetat (3 x 20 mL) extrahiert, die vereinten organischen Phasen über Magnesiumsulfat getrocknet und die Lösung unter vermindertem Druck eingeengt. Die Abtrennung von Nebenprodukten erfolgte durch Säulenchromatographie (*n*-Pentan/ Ethylacetat = 15/1).

2,6-Diisopropylphenylcampherdiimin (62a)

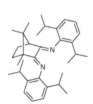 Der obigen allgemeinen Vorschrift folgend wurde 2,6-Diisopropylanilin (2.7 mL, 14.4 mmol, 2.4 Äquiv.) mit Trimethylaluminium (2 M in *n*-Heptan; 7.2 mL) umgesetzt. Campherchinon **60** (1.0 g, 6.0 mmol, 1 Äquiv.) wurde zugegeben. Es konnte ein Gemisch aus zwei Isomeren **62a** (700 mg, 1.4 mmol, 23%) als oranger Feststoff gewonnen werden.

Hauptisomers: ^{1}**H-NMR** (400 MHz, CDCl$_3$): δ (ppm) = 7.14 - 6.93 (m, 6H), 2.96 - 2.88 (m, 1H), 2.66 - 2.58 (m, 1H), 2.18 (d, *J* = 4.3 Hz, 1H), 2.12 - 2.03 (m, 1H), 1.86 - 1.77 (m, 1H), 1.76 - 1.68 (m, 2H), 1.63 - 1.51 (m, 2H), 1.44 (s, 3H), 1.24 (d, *J* = 3.2 Hz, 3H), 1.22 (d, *J* = 3.0 Hz, 3H), 1.21 (d, *J* = 3.0 Hz, 3H), 1.11 (d, *J* = 2.7 Hz, 3H), 1.09 (d, *J* = 2.6 Hz, 3H), 0.97 (s, 3H), 0.93 (s, 3H), 0.89 (s, 3H), 0.82 (s, 3H), 0.78 (s, 3H).

^{13}**C{^{1}H}-NMR** (101 MHz, CDCl$_3$): δ (ppm) = 210.2, 176.8, 147.3, 146.6, 141.7, 135.8, 135.4, 123.8, 123.3, 122.8, 122.8, 122.2, 58.1, 54.5, 51.2, 50.6, 48.3, 45.4, 34.0, 29.7, 28.2, 28.0, 27.4, 25.0, 23.4, 22.8, 22.1, 22.0, 21.0, 20.5, 19.0, 18.1, 13.8, 9.9.

ESI-MS: berechnet [C$_{34}$H$_{48}$N$_2$H]$^+$: 485.3890, gefunden: 485.3888.

ATR-FTIR (cm^{-1}): 3063, 2959, 2928, 2870, 1721, 1686, 1655, 1589, 1458, 1435, 1381, 1362, 1323, 1292, 1258, 1192, 1165, 1107, 1061, 1030, 972, 937, 798, 756, 733, 679.

R$_F$ (n-Pentan/Ethylacetat = 15/1): 0.9 (KMnO$_4$).

2,4,6-Trimethylphenylcampherdiimin (62b)

Der obigen allgemeinen Vorschrift folgend wurde 2,4,6-Trimethylanilin (1.4 mL, 9.6 mmol, 2.4 Äquiv.) mit Trimethylaluminium (2 M in n-Heptan; 4.8 mL) umgesetzt. Campherchinon **60** (670 mg, 4.0 mmol, 1 Äquiv.) wurde im zugegeben, so dass das Produkt **62b** (840 mg, 2.1 mmol, 53%) als oranger Feststoff gewonnen werden konnte.

^{1}H-NMR (300 MHz, CDCl$_3$): δ (ppm) = 6.74 (s, 2H), 6.68 (s, 2H), 2.31 - 2.23 (m, 1H), 2.20 (s, 3 H), 2.17 (s, 3 H), 2.14 - 2.07 (m, 2H), 2.05 (s, 3H), 2.03 (s, 3H), 1.99 - 1.91 (m, 1H), 1.86 (s, 3H), 1.80 (s, 3H), 1.50 - 1.32 (m, 1H), 1.27 (s, 3H), 1.07 (s, 3H), 0.95 (s, 3H).

^{13}C{^{1}H}-NMR (75 MHz, CDCl$_3$): δ (ppm) = 171.4, 169.2, 147.1, 146.1, 132.3, 130.9, 128.5, 128.5, 128.2, 128.1, 125.3, 124.2, 124.1, 123.3, 110.1, 55.6, 51.4, 45.7, 32.8, 23.5, 21.7, 20.9, 20.7, 18.5, 18.3, 18.1, 18.1, 11.4.

ESI-MS: berechnet [C$_{28}$H$_{36}$N$_2$H]$^+$: 401.2951, gefunden: 401.2948.

ATR-FTIR (cm^{-1}): 3250, 2959, 2913, 1740, 1694, 1659, 1508, 1474, 1373, 1265, 1215, 1111, 1018, 910, 853, 733, 694.

R$_F$ (n-Pentan/Ethylacetat = 15/1): 0.71 (KMnO$_4$).

Campher-IMes-HOTf (63a)

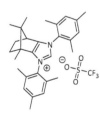

Zur Synthese des Imidazoliumsalzes **63a** wurde eine Vorschrift von GLORIUS et al. verwendet.[15a] Die komplette Synthese wurde bis zur Aufarbeitung in der Dunkelheit durchgeführt. Silbertriflat (77.1 mg, 0.30 mmol, 1.2 Äquiv.) wurde in einer Glovebox in ein ausgeheiztes Schlenkrohr eingewogen. Trockenes Dichlormethan (1.3 mL) und Chlormethylpivalat (43 µL, 0.30 mmol, 1.2 Äquiv.) wurden hinzugefügt und die Lösung in einem Wasserbad bei 20 °C für 45 min gerührt. Die Lösung wurde 5 min stehen gelassen, damit sich der gebildete Feststoff absetzen konnte (**Lösung 1**). Währenddessen wurde unter Argon 2,4,6-Trimethylphenylcampherdiimin (100 mg, 0.25 mmol, 1 Äquiv.) in ein ausgeheiztes Schlenkrohr eingewogen. **Lösung 1** wurde so entnommen, dass der sich abgesetzte Feststoff nicht aufgenommen werden konnte und zum Diimin hinzugegeben. Das Gemisch wurde für 12 h bei 60 °C gerührt. Analog zu **Lösung 1** wurde **Lösung 2** hergestellt (0.5 Äquiv. bezogen auf Silbertriflat). **Lösung 2** wurde der Reaktionslösung hinzugefügt und das Gemisch für weitere 8 h bei 60 °C gerührt. Anschließend wurde der Lösung Methanol (0.6 mL) hinzugegeben und unter vermindertem Druck konzentriert. Durch säulenchromatographische Trennung (Dichlormethan/Methanol = 10/0 bis 9/1) konnte das Produkt **63a** (54.3 mg, 0.097 mmol, 39%) als rötlicher Feststoff gewonnen werden.

¹H-NMR (400 MHz, CDCl₃): δ (ppm) = 8.96 (s, 1H), 7.02 (s, 4H), 2.47 - 2.36 (m, 1H), 2.34 (d, J = 1.9 Hz, 6H), 2.28 - 2.21 (m, 2H), 2.16 (d, J = 8.0 Hz, 6H), 2.11 (d, J = 4.3 Hz, 6H), 2.05 - 1.92 (m, 2H), 1.37 - 1.26 (m, 1H), 1.20 (s, 3 H), 1.06 (s, 3H), 0.95 (s, 3H), 0.92 (s, 3H).

¹³C{¹H}-NMR (101 MHz, CDCl₃): δ (ppm) = 142.7, 142.1, 141.2, 141.1, 137.0, 134.1, 133.8, 133.7, 133.7, 130.1, 129.9, 129.9, 129.8, 129.5, 129.2, 129.2, 63.8, 54.6, 48.6, 33.6, 27.0, 26.4, 21.2, 21.1, 19.9, 19.0, 17.9, 17.9, 17.7, 9.4.

ESI-MS: berechnet [C₂₉H₃₇N₂]⁺: 413.2951, gefunden: 413.2952.

ATR-FTIR (cm⁻¹): 3109, 2963, 2874, 2361, 1709, 1481, 1420, 1265, 1227, 1165, 1030, 733, 702, 637, 625.

R_F (Dichlormethan/Methanol = 9/1): 0.4 (KMnO₄).

Campherchinonmonooxim (66)[76]

Campherchinon **60** (499 mg, 3.0 mmol, 1 Äquiv.), Ethanol (12 mL), Pyridin (2 mL) und Hydroxylaminhydrochlorid (271 mg, 3.9 mmol, 1.3 Äquiv.) wurden zusammen gegeben und für 20 min bei Raumtemperatur gerührt. Ethanol wurde bei vermindertem Druck entfernt, das Öl in *n*-Pentan und Ethylacetat (je 5 mL) gelöst und die organische Phase mit 5%-iger Salzsäure, Wasser und gesättigter, wässriger Natriumchlorid-Lösung (je 10 mL) gewaschen. Die organische Phase wurde über Magnesiumsulfat getrocknet und die Lösung unter vermindertem Druck konzentriert. Der Feststoff wurde aus *n*-Heptan umkristallisiert. Das Produkt **66** (236 mg, 1.3 mmol, 43%) konnte als gelber Feststoff gewonnen werden.

^{1}H-NMR (400 MHz, CDCl$_3$): δ (ppm) = 8.82 (bs, 1H), 3.25 (d, J = 4.5 Hz, 1H), 2.21 - 1.47 (m, 5H), 1.02 (s, 3H), 1.00 (s, 3H), 0.88 (s, 3H).

^{13}C{^{1}H}-NMR (101 MHz, CDCl$_3$): δ (ppm) = 204.5, 159.8, 58.7, 46.8, 45.1, 30.8, 23.9, 20.8, 17.8, 9.1.

ESI-MS: berechnet [C$_{16}$H$_{15}$NO$_2$Na]$^+$: 204.0995, gefunden: 204.1005.

ATR-FTIR (cm^{-1}): 3422, 2932, 1736, 1640, 1466, 1443, 1397, 1373, 1285, 1204, 1177, 999, 949, 932, 887, 860, 845, 756, 714, 691.

4.2.4 Synthese von NHC-Thioether-kombinierten Liganden

5-Mercaptopentansäure (73)[77]

Eine Mischung aus Thioharnstoff (1.14 g, 15.0 mmol, 1.5 Äquiv.), 5-Brompentansäure (1.81 g, 10.0 mmol, 1 Äquiv.) und Ethanol (21 mL) wurde für 20 h refluxiert. Das Lösungsmittel wurde unter vermindertem Druck entfernt und Natronlauge (7.5 M, 21.5 mL, 150 mmol, 15 Äquiv.) hinzugegeben. Die Lösung wurde für 16 h bei 90 °C in einer Argonatmosphäre gerührt. Die Lösung mit einem Eisbad gekühlt und vorsichtig mit Schwefelsäure (2 M) hydrolysiert bis ein saurer pH-Wert erreicht wurde. Die Lösung wurde mit Dichlormethan (3 x 20 mL) extrahiert, die vereinten organischen Phasen über Magnesiumsulfat getrocknet und die Lösung unter vermindertem Druck konzentriert. Das Produkt **73** (1.17 g, 8.7 mmol, 87%) konnte ohne weitere Aufarbeitung als Öl gewonnen werden.

^{1}H-NMR (400 MHz, CDCl$_3$): δ (ppm) = 11.24 (bs, 1H), 2.54 (q, J = 7.2 Hz, 2H), 2.38 (t, J = 7.2 Hz, 2H), 1.80 - 1.61 (m, 5H), 1.36 (t, J = 7.9 Hz, 1H).

^{13}C{^{1}H}-NMR (101 MHz, CDCl$_3$): δ (ppm) = 178.0, 33.6, 33.3, 24.3, 23.4.

ESI-MS: berechnet [C$_5$H$_{10}$O$_2$S]$^-$: 133.0318, gefunden: 133.0327.

ATR-FTIR (cm^{-1}): 3400, 3179, 3032, 2936, 2916, 2866, 2766, 2661, 2630, 2565, 1701, 1647, 1408, 1284, 1230, 1196, 1138, 1072, 930, 868, 791, 745, 710, 675, 644.

Allgemeine Vorschrift zur Synthese von 3-Bromopropylimidazoliumsalzen[78]

Zu einer Lösung aus 1,3-Dibrompropan (10 Äquiv.) in Aceton (3 M) wurde eine Lösung aus dem entsprechenden Imidazol (1 Äquiv.) in Aceton (2 M) zugefügt. Die Lösung wurde für 18 h bei 50 °C gerührt und das Produkt nach Entfernung des Lösungsmittel unter vermindertem Druck durch Säulenchromatographie (Dichlormethan/Methanol = 9/1) gereinigt.

3-(3-Bromopropyl)-1-methyl-1H-imidazoliumbromid (74a)

Der obigen allgemeinen Vorschrift folgend wurde 1,3-Dibrompropan (10.2 mL, 100 mmol, 10 Äquiv.) in Aceton (33 mL) und 1-Methylimidazol (0.8 mL, 10.0 mmol, 1 Äquiv.) in Aceton (5 mL) gelöst. Das Produkt **74a** (2.1 g, 7.4 mmol, 74%) konnte nach säulenchromatographischer Trennung als gelber Feststoff gewonnen werden.

^{1}H-NMR (400 MHz, CDCl$_3$): δ (ppm) = 10.35 (s, 1H), 7. 58 (s, 1H), 7.53 (s, 1H), 4.58 (t, J = 6.9 Hz, 2H), 4.10 (s, 3H), 3.47 (t, J = 6.2 Hz, 2H), 2.56 (q, J = 6.5 Hz, 2H).

^{13}C{^{1}H}-NMR (101 MHz, CDCl$_3$): δ (ppm) = 137.9, 123.6, 122.8, 48.4, 37.0, 32.8, 29.3.

ESI-MS: berechnet [C$_7$H$_{12}$N$_2$Br]$^+$: 203.0178, gefunden: 203.0187.

ATR-FTIR (cm^{-1}): 3325, 3140, 3098, 3067, 2955, 2904, 2851, 1636, 1562, 1401, 1427, 1362, 1339, 1277, 1246, 1215, 1161, 1096, 1022, 980, 949, 868, 818, 787, 760, 644, 606.

R$_F$ (Dichlormethan/Methanol = 9/1): 0.03 (KMnO$_4$).

3-(3-Bromopropyl)-1-isopropyl-1H-imidazoliumbromid (74b)

Der obigen allgemeinen Vorschrift folgend wurde 1,3-Dibrompropan (5.1 mL, 50 mmol, 10 Äquiv.) in Aceton (16.5 mL) sowie 1-Isopropylimidazol (0.6 mL, 5.0 mmol, 1 Äquiv.) in Aceton (2.5 mL) gelöst. Das Produkt **74b** (1.27 g, 3.5 mmol, 81%) wurde als gelbliches Öl erhalten.

^{1}H-NMR (400 MHz, CDCl$_3$): δ (ppm) = 10.51 (s, 1H), 7.65 (t, *J* = 1.6 Hz, 1H), 7.56 (t, *J* = 1.7 Hz, 1H), 4.81 (sept, *J* = 6.68 Hz 1H), 4.59 (t, *J* = 7.0 Hz, 2H), 3.45 (t, *J* = 6.2 Hz, 2H), 2.60 - 2.49 (m, 2H), 1.60 (d, *J* = 6.71 Hz, 6H).

^{13}C{^{1}H}-NMR (101 MHz, CDCl$_3$): δ (ppm) = 136.2, 123.0, 120.2, 53.6, 48.4, 32.8, 29.3, 23.2.

ESI-MS: berechnet [C$_9$H$_{16}$N$_2$Br]$^+$: 231.0491, gefunden: 231.0496.

ATR-FTIR (cm^{-1}): 3406, 3129, 3071, 2978, 2940, 2878, 1767, 1740, 1624, 1559, 1462, 1427, 1377, 1335, 1316, 1269, 1250, 1180, 1153, 1107, 1049, 968, 941, 826, 752, 638, 636.

R$_F$ (Dichlormethan/Methanol = 9/1): 0.04 (KMnO$_4$).

3-(3-Bromopropyl)-1-benzyl-1*H*-imidazoliumbromid (74c)

Der obigen allgemeinen Vorschrift folgend wurde 1,3-Dibrompropan (5.1 mL, 50 mmol, 11.6 Äquiv.) in Aceton (16.5 mL) und 1-Benzyllimidazol (0.68 g, 4.3 mmol, 1 Äquiv.) in Aceton (2.5 mL) gelöst. Das Produkt **74c** (1.34 g, 4.3 mmol, 86%) konnte als gelbliches Öl erhalten werden.

^{1}H-NMR (400 MHz, CDCl$_3$): δ (ppm) = 10.48 (s, 1H), 7.61 (t, *J* = 1.7 Hz, 1H), 7.51 - 7.43 (m, 2H), 7.40 (t, *J* = 1.7 Hz, 1H), 7.37 - 7.30 (m, 3H), 5.56 (s, 2H), 4.52 (t, *J* = 7.0 Hz, 2H), 3.42 (t, *J* = 6.2 Hz, 2H), 2.51 (p, *J* = 6.7 Hz, 2H).

^{13}C{^{1}H}-NMR (101 MHz, CDCl$_3$): δ (ppm) = 137.1, 132.9, 129.6, 129.5, 129.1, 122.9, 122.1, 53.5, 48.5, 32.6, 29.3.

ESI-MS: berechnet [C$_{13}$H$_{16}$N$_2$Br]$^+$: 279.0491, gefunden: 279.0496.

ATR-FTIR (cm^{-1}): 3383, 3129, 3059, 2978, 2947, 1604, 1559, 1497, 1454, 1404, 1358, 1331, 1319, 1277, 1246, 1207, 1157, 1111, 1080, 1026, 976, 852, 821, 710, 636.

R$_F$ (Dichlormethan/Methanol = 9/1): 0.02 (KMnO$_4$).

11-Bromundecansäure (77)

Zur Synthese von 11-Bromundecansäure **77** wurde eine Jones-Oxidation durchgeführt.[79] Zunächst wurde das Jones-Reagenz hergestellt. Hierfür wurde Chromtrioxid (1.6 g, 15.6 mmol, 3.1 Äquiv.) in Wasser (2.2 mL) gelöst und auf 0 °C gekühlt. Schwefelsäure (18 M, 5.8 mL, 24.6 mmol, 4.9 Äquiv.) wurde zu getropft und die Lösung für 5 min bei 0 °C gerührt. 11-Bromundecan-1-ol (1.26 g, 5.0 mmol, 1 Äquiv.) wurde in Aceton (56 mL) gelöst. Das Jones-Reagenz wurde bei 0 °C zugegeben und die Lösung für 3 h bei Raumtemperatur gerührt. Um einen vollständigen Umsatz zu erreichen wurde ein weiteres Äquivalent Jones-Reagenz (bezogen auf Chromtrioxid) zugegeben und die Lösung weitere 2 h bei Raumtemperatur gerührt. Der entstandene Feststoff wurde abfiltriert und das Filtrat bei vermindertem Druck eingeengt. Diethylether und Wasser (je 20 mL) wurden hinzugefügt, die Lösung mit Diethylether (3 x 20 mL) extrahiert, die vereinigten organischen Phasen über Magnesiumsulfat getrocknet und das Lösungsmittel unter vermindertem Druck entfernt, so dass das Produkt **77** (1.3 g, 4.9 mmol, 98%) als Feststoff gewonnen werden konnte.

^{1}H-NMR (300 MHz, CDCl$_3$): δ (ppm) = 11.17 (bs, 1H), 3.40 (t, J = 6.9 Hz, 2H), 2.34 (t, J = 7.5 Hz, 2H), 1.84 (p, J = 6.9 Hz, 2H), 1.70 - 1.55 (m, 2H), 1.47 - 1.20 (m, 12H).

^{13}C{^{1}H}-NMR (75 MHz, CDCl$_3$): δ (ppm) = 180.5, 34.2, 34.2, 32.9, 29.5, 29.4, 29.3, 29.1, 28.9, 28.3, 24.8.

ESI-MS: berechnet [C$_{11}$H$_{20}$O$_2$Br]$^-$: 263.0652, gefunden: 263.0648.

11-Mercaptoundecansäure (76)

Die Synthese der 11-Mercaptoundecansäure **76** erfolgte analog zur Synthese der 5-Mercaptopentansäure **73**.[77] Thioharnstoff (285 mg, 3.75 mmol, 1.5 Äquiv.), 11-Bromundecansäure **77** (633 mg, 2.5 mmol, 1 Äquiv.) und Ethanol (5.2 mL) wurden in einen Kolben gefüllt und die Lösung für 20 h refluxiert. Das Lösungsmittel wurde unter vermindertem Druck entfernt und Natronlauge (7.5 M, 5.4 mL, 37.5 mmol, 15 Äquiv.) hinzugefügt. Die Lösung wurde für weitere 20 h unter Argon bei 90 °C gerührt. Für die Hydrolyse wurde die Lösung in einem Eisbad gekühlt und vorsichtig so lange Schwefelsäure (2 M) zu gegeben, bis ein pH-Wert von 1 erreicht wurde. Die Lösung wurde mit Dichlormethan (3 x 10 mL) extrahiert, die vereinten organischen Phasen über Magnesiumsulfat getrocknet und das Lösungsmittel unter vermindertem Druck entfernt. Das Produkt **76** (496 mg, 2.3 mmol, 92%) konnte ohne weitere Aufarbeitung als gelblicher Feststoff gewonnen werden.

^{1}H-NMR (400 MHz, CDCl$_3$): δ (ppm) = 11.10 (bs, 1H), 2.51 (q, J = 7.5 Hz, 2H), 2.34 (t, J = 7.5 Hz, 2H), 1.67 - 1.54 (m, 4H), 1.41 - 1.21 (m, 12H).

^{13}C{^{1}H}-NMR (101 MHz, CDCl$_3$): δ (ppm) = 180.3, 34.2, 34.2, 29.6, 29.5, 29.3, 29.2, 28.5, 24.8.

ESI-MS: berechnet [C$_{11}$H$_{21}$O$_2$S]$^-$: 217.1257, gefunden: 217.1258.

ATR-FTIR (cm^{-1}): 3032, 2916, 2847, 2681, 2646, 2631, 2554, 1694, 1642, 1431, 1412, 1339, 1292, 1261, 1234, 1207, 1188, 1123, 1103, 1057, 934, 914, 899, 818, 795, 721, 683.

Allgemeine Vorschrift zur Synthese der Liganden

Das entsprechende 3-Bromopropylimidazoliumsalz (1.0 mmol, 1 Äquiv.), das Thiol (1.0 mmol, 1 Äquiv.) sowie Kaliumcarbonat (290 mg, 2.1 mmol, 2.1 Äquiv.) wurden in einem ausgeheizten, Argon-gefüllten Schlenkrohr in Ethanol (2 mL) gelöst und die Reaktion für 3 Tage bei Raumtemperatur gerührt. Nachdem ein vollständiger Umsatz festgestellt wurde, wurde der Feststoff abfiltriert und mit Ethanol gewaschen. Das Filtrat wurde eingeengt, um das entsprechende Produkt zu erhalten.

5-((3-(1-methyl-1H-imidazol-3-ium-3-yl)propyl)thio)pentanoat (75)

Der obigen allgemeinen Vorschrift folgend wurden 3-(3-Bromopropyl)-1-methyl-1H-imidazoliumbromid **74a** (284 mg, 1.0 mmol, 1 Äquiv.) und 5-Mercaptopentansäure **73** (134 mg, 1.0 mmol, 1 Äquiv.) verwendet. Das Produkt **75** (270 mg, 1.0 mmol, quantitativ) konnte als gelbliches Öl erhalten werden.

^{1}H-NMR (400 MHz, DMSO-d_6): δ (ppm) = 9.80 (s, 1H), 7.85 (s, 1H), 7.71 (s, 1H), 4.25 (t, J = 7.0 Hz, 2H), 3.87 (s, 3H), 2.49 - 2.42 (m, 4H), 2.05 (p, J = 7.1 Hz, 2H), 1.82 (t, J = 6.5 Hz, 2H), 1.50 - 1.43 (m, 4H).

^{13}C{^{1}H}-NMR (101 MHz, DMSO-d_6): δ (ppm) = 175.3, 137.6, 123.5, 122.3, 47.8, 38.4, 35.6, 30.9, 29.4, 29.3, 27.4, 25.7.

ESI-MS: berechnet [C$_{12}$H$_{20}$N$_2$O$_2$S]$^+$: 257.1318, gefunden: 257.1318.

ATR-FTIR (cm^{-1}): 3403, 3372, 3148, 3063, 2955, 2928, 2866, 2724, 2666, 2627, 1717, 1658, 1562, 1443, 1404, 1381, 1327, 1288, 1258, 1188, 1169, 1088, 1061, 1030, 1007, 976, 934, 878, 829, 799, 760, 729, 706, 648, 625.

5-((3-(1-benzyl-1H-imidazol-3-ium-3-yl)propyl)thio)pentanoat (78)

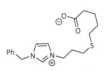

Der obigen allgemeinen Vorschrift folgend wurden 3-(3-Bromopropyl)-1-benzyl-1H-imidazoliumbromid **74c** (360 mg, 1.0 mmol, 1 Äquiv.) und 5-Mercaptopentansäure **73** (134 mg, 1.0 mmol, 1 Äquiv.) eingesetzt. Das Produkt **78** (98 mg, 0.29 mmol, 29%) konnte als gelbliches Öl erhalten werden.

^{1}H-NMR (300 MHz, DMSO-d_6): δ (ppm) = 10.13 (s, 1H), 7.87 - 7.85 (m, 1H), 7.82 - 7.80 (m, 1H), 7.50 - 7.46 (m, 2H), 7.43 - 7.34 (m, 3H), 5.52 (s, 2H), 4.26 (t, J = 7.0 Hz, 2H), 2.48 - 2.41 (m, 4H), 2.08 (p, J = 7.1 Hz, 2H), 1.85 (t, J = 6.6 Hz, 2H), 1.50 - 1.44 (m, 4H).

^{13}C{^{1}H}-NMR (75 MHz, DMSO-d_6): δ (ppm) = 175.3, 137.4, 135.3, 128.9, 128.6, 128.4, 122.9, 122.3, 51.7, 48.0, 38.4, 30.8, 29.3, 29.2, 27.3, 25.7.

ESI-MS: berechnet [C$_{18}$H$_{24}$N$_2$O$_2$S]$^+$: 333.1631, gefunden: 333.1630.

ATR-FTIR (cm^{-1}): 3383, 3136, 3094, 3071, 2936, 2859, 2747, 2724, 2627, 2153, 1636, 1555, 1497, 1454, 1397, 1316, 1254, 1207, 1157, 1107, 1080, 1030, 1007, 976, 829, 714, 640, 610.

11-((3-(1-methyl-1H-imidazol-3-ium-3-yl)propyl)thio)undecanoat (79)

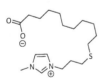

Der obigen allgemeinen Vorschrift folgend wurden 3-(3-Bromopropyl)-1-methyl-1H-imidazoliumbromid **74a** (284 mg, 1.0 mmol, 1 Äquiv.) und 11-Mercaptoundecansäure **76** (218 mg, 1.0 mmol, 1 Äquiv.)eingesetzt. Das Produkt **79** (414 mg, 0.98 mmol, 98%) wurde als gelbliches Öl gewonnen.

NMR des leicht verunreinigten Produkts: ^{1}H-NMR (400 MHz, CD$_3$OD): δ (ppm) = 7.67 (d, J = 1.9 Hz, 1H), 7.59 (d, J = 2.0 Hz, 1H), 4.34 (t, J = 7.1 Hz, 2H), 3.94 (s, 3H), 2.58 - 2.51 (m, 4H), 2.20 - 2.11 (m, 4H), 1.63 - 1.53 (m, 4H), 1.43 - 1.29 (m, 12H).

^{13}C{^{1}H}-NMR (101 MHz, CD$_3$OD): δ (ppm) = 183.0, 125.0, 123.7, 49.5, 39.8, 39.4, 36.5, 32.7, 30.9, 30.8, 30.6, 30.6, 30.2, 29.8, 29.5, 29.0, 27.9, 27.8.

ESI-MS: berechnet [C$_{18}$H$_{32}$N$_2$O$_2$S]$^+$: 341.2257, gefunden: 341.2256.

ATR-FTIR (cm^{-1}): 3379, 3144, 3106, 3051, 2913, 2847, 1670, 1559, 1462, 1427, 1393, 1343, 1296, 1269, 1238, 1223, 1169, 1103, 903, 837, 760, 660, 625.

11-((3-(1-isopropyl-1H-imidazol-3-ium-3-yl)propyl)thio)undecanoat (80)

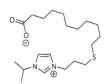

Der obigen allgemeinen Vorschrift folgend wurden 3-(3-Bromopropyl)-1-isopropyl-1H-imidazoliumbromid **74b** (312 mg, 1.0 mmol, 1 Äquiv.) und 11-Mercaptoundecansäure **76** (218 mg, 1.0 mmol, 1 Äquiv.) verwendet. Das Produkt **80** (273 mg, 0.71 mmol, 71%) wurde als gelbliches Öl gewonnen.

^{1}H-NMR (400 MHz, CD$_3$OD): δ (ppm) = 7.77 (d, J = 2.0 Hz, 1H), 7.69 (d, J = 2.1 Hz, 1H), 4.68 (p, J = 6.7 Hz, 1H), 4.34 (t, J = 7.1 Hz, 2H), 2.61 - 2.46 (m, 4H), 2.25 - 2.11 (m, 4H), 1.59 (s, 3H), 1.65 - 1.51 (m, 10H), 1.43 - 1.26 (m, 12H).

^{13}C{^{1}H}-NMR (101 MHz, CD$_3$OD): δ (ppm) = 183.0, 123.9, 122.0, 59.0, 58.3, 54.6, 49.7, 39.4, 33.5, 32.8, 30.8, 30.6, 30.5, 30.2, 29.9, 29.8, 29.2, 27.8, 23.0, 18.4.

ESI-MS: berechnet [C$_{20}$H$_{36}$N$_2$O$_2$S]$^+$: 369.2570, gefunden: 369.2568.

ATR-FTIR (cm^{-1}): 3125, 3067, 2916, 2851, 1551, 1470, 1424, 1377, 1339, 1269, 1223, 1184, 1150, 1007, 918, 833, 752, 691, 656, 610.

1,2-bis(3-chloropropyl)disulfid (85)

Es wurde eine Vorschrift von KIRIHARA et al. verwendet.[80] 3-Chlorpropan-1-thiol (292 µL, 3.0 mmol, 1 Äquiv.), Ethylacetat (9 mL), Natriumiodid (4.5 mg, 0.03 mmol, 0.01 Äquiv.) sowie Wasserstoffperoxid-Lösung (30%; 306 µL, 3.0 mmol, 1 Äquiv.) wurden in einen Kolben überführt und für 30 min bei Raumtemperatur gerührt. Nachdem der vollständige Umsatz des Startmaterials festgestellt wurde, wurde gesättigte, wässrige Natriumthiosulfat-Lösung (45 mL) hinzugegeben, die Lösung mit Ethylacetat (3 x 30 mL) extrahiert, die vereinten organischen Phasen zunächst mit gesättigter, wässriger Natriumchlorid-Lösung gewaschen und anschließend mit Magnesiumsulfat getrocknet. Durch Konzentration unter vermindertem Druck konnte das Produkt **85** (260 mg, 1.2 mmol, 78%) als Feststoff gewonnen werden.

^{1}H-NMR (300 MHz, CDCl$_3$): δ (ppm) = 3.64 (t, J = 6.3 Hz, 4H), 2.80 (t, J = 7.0 Hz, 4H), 2.15 (p, J = 6.5 Hz, 4H).

^{13}C{^{1}H}-NMR (75 MHz, CDCl$_3$): δ (ppm) = 43.17, 35.20, 31.54.

GC-MS: R_t(50_40): 8.090 min, (EI) m/z (%): 221.9 (17), 219.9 (72), 217.9 (92), 144.0 (25), 142.0 (58), 109.9 (15), 108.0 (16), 106.0 (48), 78.9 (28), 77.0 (28), 73.0 (23), 49.0 (15), 44.9 (26), 41.1 (100), 39.0 (34).

ATR-FTIR (cm^{-1}): 2959, 2909, 1435, 1343, 1304, 1265, 1242, 1184, 1138, 1018, 949, 853, 772, 721, 656.

3,3'-(disulfandiylbis(propan-3,1-diyl))bis(1-methyl-1*H*-imidazol-3-ium)chlorid (86)

1-Methylimidazol (239 µL, 3.0 mmol, 5 Äquiv.) sowie 1,2-bis(3-chlorpropyl)disulfid **85** (132 mg, 0.6 mmol, 1 Äquiv.) wurden in ein ausgeheiztes und mit Argon befülltes Schlenkrohr überführt. Die Lösung wurde für 24 h bei 70 °C gerührt. Die Aufarbeitung erfolgte, indem Ethanol (1 mL) hinzugefügt, so dass sich das Öl löste. Es wurde Diethylether (3 mL) zugegeben und die Lösung für 10 min bei Raumtemperatur gerührt. Das überschüssige Lösungsmittel wurde abgetrennt, so dass ein Öl zurückblieb. Dieser Waschgang wurde zweimal wiederholt und lieferte das Produkt (99 mg, 0.26 mmol, 43%) als gelbes Öl mit leichten Verunreinigungen.

NMR des leicht verunreinigten Produkts: ^{1}**H-NMR** (300 MHz, CD$_3$OD): δ (ppm) = 7.70 - 7.66 (m, 2H), 7.62 - 7.58 (m, 2H), 4.41 - 4.32 (m, 4H), 3.95 (s, 6H), 2.85 - 2.71 (m, 4H), 2.39 - 2.25 (m, 4H).

ESI-MS: berechnet [C$_{14}$H$_{24}$N$_4$S$_2$]$^{2+}$: 156.0721, gefunden: 155.0635; berechnet [C$_{14}$H$_{24}$N$_4$S$_2$Cl]$^+$: 347.1131, gefunden: 347.1119.

4.2.5 Hydrierung mit Palladium-Nanopartikeln

Allgemeine Vorschrift zur Hydrierung mit Palladium-Nanopartikeln

Die Reaktionen wurden falls nicht anders vermerkt in einem mit 1 bar Wasserstoff gefüllten Autoklaven durchgeführt. Die Reaktionstemperatur lag bei 40 °C und die Reaktionszeiten betrugen 16 h bis 20 h. Die Substanzen (je 0.4 mmol, 1 Äquiv.), die Nanopartikellösungen (5 mg Nanopartikel pro Milliliter; 20 µL) sowie das Lösungsmittel (je 1 mL) wurden in ein Reaktionsgefäß gegeben, welches in den mit Argon befüllten Autoklaven überführt wurde. Der Autoklav wurde mit Wasserstoff gespült, so dass ein Enddruck von 1 bar resultierte. Die Reaktionen wurden dann bei 40 °C für 16 h bis 20 h gerührt. Zur Analyse wurde anschließend ein Äquivalent

Mesitylene (56 µL) hinzugefügt, die Lösung für 5 min bei Raumtemperatur gerührt und eine Probe (10 µL) für die GC-FID-Analyse entnommen. Die nachfolgenden Ergebnisse werden in tabellarischer Form präsentiert. Die prozentualen Angaben entsprechen dem ermittelten Umsatz der Substrate.

Experimente zur Optimierung der Reaktionsbedingungen

a) Optimierung der Nanopartikelmenge und des Wasserstoffdrucks

Substrat	Umsatz bei 1 bar H_2*		Umsatz bei 10 bar H_2	
	0.5 mg NP	0.1 mg NP	0.5 mg NP	0.1 mg NP
Styrol	quant.	quant.	98%	quant.
Dec-1-en	99%	95%	81%	94%

*: Experimente bei 1 bar H_2 wurden von A. Rühling (AK Glorius) durchgeführt.

Alle Experimente wurden bei 40 °C in Toluol mit **88a** als Katalysator durchgeführt; quant.: quantitativ.

b) Optimierung der Reaktionstemperatur

Substrat	Umsatz bei 1 bar H_2 & 0.1 mg NP*	
	RT	40 °C
Styrol	47%	99%
Dec-1-en	49%	73%

*: Experimente bei 1 bar H_2 wurden von A. Rühling (AK Glorius) durchgeführt (mit **88a** als Katalysator).

c) Optimierung des Lösungsmittels

Lösungs-	88a[*]		88b		88c		88d	
mittel	Styrol	Dec-1-en	Styrol	Dec-1-en	Styrol	Dec-1-en	Styrol	Dec-1-en
Toluol	quant.	95%	99%	95%	49%	38%	61%	41%
n-Hexan	quant.	76%	98%	40%	54%	40%	69%	40%
CH_2Cl_2	quant.	99%	quant.	73%	43%	39%	54%	39%
THF	98%	76%	quant.	quant.	62%	45%	45%	37%
H_2O	quant.	99%	quant.	99%	99%	65%	quant.	quant.
TFE	99%	91%	quant.	94%	quant.	quant.	quant.	99%
MeOH	87%	76%	quant.	quant.	quant.	83%	quant.	95%
MeCN	quant.	95%	quant.	98%	quant.	79%	90%	46%
ohne	89%	70%						

*: Experimente wurden von A. Rühling (AK Glorius) durchgeführt.
Alle Experimente wurden bei 40 °C, 0.1 mg Pd-NP und 1 bar Wasserstoff durchgeführt, quant.: quantitativ.

Hydrierung anderer Substrate

NP	Diphenylacetylen	4-Cyanostyrol
88c	quant.	quant.
88d	quant.	quant.

Alle Experimente wurden mit 0.1 mg Pd-NP und 1 bar Wasserstoff in Methanol
durchgeführt.

Reaktionen bei erhöhter Temperatur

NP	Umsatz bei 40 °C	Umsatz bei 100 °C
88a	100%	92%
88c	49%	48%
88d	61%	47%

Alle Experimente wurden mit 0.1 mg Pd-NP und 1 bar Wasserstoff in Toluol durchgeführt.

Mehrfachzugabe der Substrate

Substrat	1	2	1	2	1	2
Styrol	99%	99%	99%	99%	99%	99%
Dec-1-en	95%	93%	94%	90%	98%	94%

1: Ergebnis nach 24 h; 2: Ergebnis nach Zugabe von je einem weiteren Äquivalent der Substrate und weiteren 24 h.
*: Experimente wurden von A. Rühling (AK Glorius) durchgeführt.

Alle Experimente wurden bei 40 °C, 0.1 mg Pd-NP mit 88a als Katalysator und 1 bar Wasserstoff in Toluol durchgeführt.

Quecksilbertropfentest

Substrat	15 min	24 h	Vergleich
Styrol	40%	40%	100%
Dec-1-en	46%	46%	95%

*: Experimente wurden von A. Rühling (AK Glorius) durchgeführt.
Alle Experimente wurden bei 40 °C, 0.1 mg Pd-NP mit 88a als Katalysator und 1 bar Wasserstoff in Toluol durchgeführt.

5 Literaturverzeichnis

[1]   a) M. N. Hopkinson, C. Richter, M. Schedler, F. Glorius, *Nature* **2014**, *510*, 485-496; b) F. E. Hahn, M. C. Jahnke, *Angew. Chem. Int. Ed.* **2008**, *47*, 3122-3172; c) J. Clayden, N. Greeves, S. Warren, Oxford University Press, *Organic Chemistry*, **2012**.

[2]   H. W. Wanzlick, *Angew. Chem. Int. Ed.* **1962**, *1*, 75-80.

[3]   a) H.-W. Wanzlick, H.-J. Schönherr, *Angew. Chem. Int. Ed.* **1968**, *7*, 141-142; b) K. Öfele, *Organomet. Chem.* **1968**, *12*, 42-43.

[4]   A. J. Arduengo, R. L. Harlow, M. Kline, *J. Am. Chem. Soc.* **1991**, *113*, 363-365.

[5]   a) C. A. Tolman, *Chem. Rev.* **1977**, *77*, 313-348; b) D. J. Nelson, S. P. Nolan, *Chem. Soc. Rev.* **2013**, *42*, 6723-6753.

[6]   H. V. Huynh, Y. Han, R. Jothibasu, J. A. Yang, *Organometallics* **2009**, *28*, 5395-5404.

[7]   a) A. C. Hillier, W. J. Sommer, B. S. Yong, J. L. Petersen, L. Cavallo, S. P. Nolan, *Organometallics* **2003**, *22*, 4322-4326; b) H. Clavier, S. P. Nolan, *Chem. Commun.* **2010**, *46*, 841-861.

[8]   S. Díez-González, N. Marion, S. P. Nolan, *Chem. Rev.* **2009**, *109*, 3612-3676.

[9]   D. Enders, O. Niemeier, A. Henseler, *Chem. Rev.* **2007**, *107*, 5606-5655.

[10]   **Beispiele NHC-stabilisierter Palladiumkomplexe:** a) K. Muniz, *Adv. Synth. Catal.* **2004**, *346*, 1425-1428; b) W. A. Hermann, M. Elison, J. Fischer, C. Köcher, G. R. J. Artus, *Angew. Chem. Int. Ed.* **1995**, *34*, 2371-2374.

[11]   **Beispiele NHC-stabilisierter Rutheniumkomplexe:** a) M. Scholl, S. Ding, C. W. Lee, R. H. Grubbs, *Org. Lett.* **1999**, *1*, 953-956; b) J. Wysocki, N. Ortega, F. Glorius, *Angew. Chem. Int. Ed.* **2014**, *53*, 8751-8755.

[12]   T. Lv, Z. Wang, J. You, J. Lan, G. Gao, *J. Org. Chem.* **2013**, *78*, 5723-5730.

[13]   S. Li, F. Yang, T. Lv, J. Lan, G. Gao, J. You, *Chem. Commun.* **2014**, *50*, 3941-3943.

[14]   a) B. Bildstein, M. Malaun, H. Kopacka, K. Wurst, M. Mitterböck, K.-H. Ongania, G. Opromolla, P. Zanello, *Organometallics* **1999**, *18*, 4325-4336; b) J. Huang, S. P. Nolan, *J. Am. Chem. Soc.* **1999**, *121*, 9889-9890.

[15]   a) F. Glorius, G. Altenhoff, R. Goddard, C. Lehmann, *Chem. Commun.* **2002**, 2704-2705; b) G. Altenhoff, R. Goddard, C. W. Lehmann, F. Glorius, *J. Am. Chem. Soc.* **2004**, *126*, 15195-15201.

[16]   A. Fürstner, M. Alcarazo, V. César, C. W. Lehmann, *Chem. Commun.* **2006**, 2176-2178.

[17]   K. Hirano, S. Urban, C. Wang, F. Glorius, *Org. Lett.* **2009**, *11*, 1019-1022.

[18]   D. Enders, K. Breuer, G. Raabe, J. Runsink, J. H. Teles, J.-P. Melder, K. Ebel, S. Brode, *Angew. Chem.* **1995**, *107*, 1119-1122.

[19]   N. Kuhn, T. Kratz, *Synthesis* **1993**, 561-562.

[20]   L. Oehninger, R. Rubbiani, I. Ott, *Dalton Trans.* **2013**, *42*, 3269-3284.

116 Literaturverzeichnis

[21]   S. Roland, C. Jolivalt, T. Cresteil, L. Eloy, P. Bouhours, A. Hequet, V. Mansuy, C. Vanucci, J.-M. Paris, *Chem. Eur. J.* **2011**, *17*, 1442-1446.

[22]   a) F. Cisnetti, A. Gautier, *Angew. Chem. Int. Ed.* **2013**, *52*, 11976-11978; b) M. M. Jellicoe, S. J. Nichols, B. A. Callus, M. V. Baker, P. J. Barnard, S. J. Berners-Price, J. Whelan, G. C. Yeoh, A. Filipovska, *Carcinogenesis* **2008**, *29*, 1124-1133.

[23]   M. V. Baker, P. J. Barnard, S. J. Berners-Price, S. K. Brayshaw, J. L. Hickey, B. W. Skelton, A. H. White, *Dalton Trans.* **2006**, 3708-3715.

[24]   J. M. Berg, J. L. Tymoczko, L. Stryer, W. H. Freeman and Company, *Biochemistry*, **2007**.

[25]   a) K. Simons, E. Ikonen, *Science* **2000**, *290*, 1721-1726; b) E. Ikonen, *Nature Reviews Molecular Cell Biology* **2008**, *9*, 125-138.

[26]   G. La Sorella, G. Strukul, A. Scarso, *Green Chem.* **2015**, *17*, 644-683.

[27]   S. R. K. Minkler, N. A. Isley, D. J. Lippincott, N. Krause, B. H. Lipshutz, *Org. Lett.* **2014**, *16*, 724-726.

[28]   T. Dwars, E. Paetzold, G. Oehme, *Angew. Chem. Int. Ed.* **2005**, *44*, 7174-7199.

[29]   K. Manabe, S. Iimura, X.-M. Sun, S. Kobayashi, *J. Am. Chem. Soc.* **2002**, *124*, 11971-11978.

[30]   F. Trentin, A. M. Chapman, A. Scarso, P. Sgarbossa, R. A. Michelin, G. Strukul, D. F. Wass, *Adv. Synth. Catal.* **2012**, *354*, 1095-1104.

[31]   A. Rühling, H.-J. Galla, F. Glorius, *Chem. Eur. J.* **2015**, angenommen.

[32]   A. Kraynov, T. E. Müller, Intech, *Applications of Ionic Liquids in Science and Technology, Chapter 12: Concepts for the Stabilization of Metal Nanoparticles in Ionic Liquids*, **2011**

[33]   A. Roucoux, J. Schulz, H. Patin, *Chem. Rev.* **2002**, *102*, 3757-3778.

[34]   B. L. Cushing, V. L. Kolesnichenko, C. J. O'Connor, *Chem. Rev.* **2004**, *104*, 3893-3946.

[35]   T. Peterle, A. Leifert, J. Timper, A. Sologubenko, U. Simon, M. Mayor, *Chem. Commun.* **2008**, 3438-3440.

[36]   L. S. Ott, M. L. Cline, M. Deetlefs, K. R. Seddon, R. G. Finke, *J. Am. Chem. Soc.* **2005**, *127*, 5758-5759.

[37]   J. Vignolle, T. D. Tilley, *Chem. Commun.* **2009**, 7230-7232.

[38]   a) P. Lara, O. Rivada-Wheelaghan, S. Conejero, R. Poteau, K. Philippot, B. Chaudret, *Angew. Chem. Int. Ed.* **2011**, *50*, 12080-12084; b) D. Gonzalez-Galvez, P. Lara, O. Rivada-Wheelaghan, S. Conejero, B. Chaudret, K. Philippot, P. W. N. M. van Leeuwen, *Catal. Sci. Technol.* **2013**, *3*, 99-105.

[39]   K. V. S. Ranganath, J. Kloesges, A. H. Schäfer, F. Glorius, *Angew. Chem. Int. Ed.* **2010**, *49*, 7786-7789.

[40]   C. Richter, K. Schaepe, F. Glorius, B. J. Ravoo, *Chem. Commun.* **2014**, *50*, 3204-3207.

[41]   M. J. MacLeod, J. A. Johnson, *J. Am. Chem. Soc.* **2015**, *137*, 7974-7977.

[42]   Unveröffentlichte Ergebnisse.

Literaturverzeichnis 117

[43] Sigma Aldrich, Product Information - Cholesterol.
[44] Merck - Sicherheitsdatenblatt Campher.
[45] J. Börgel, Masterarbeit, *Synthesis of Novel N-Heteocyclic Carbenes for Biological Applications and Surface Modifikation and Selective C– H Bond Functionalizations*, Westfälische Wilhelms-Universität Münster, **2014**.
[46] P.-F. Xu, Y.-S. Chen, S.-I. Lin, T.-J. Lu, *J. Org. Chem.* **2002**, *67*, 2309-2314.
[47] S. A. Snyder, E. J. Corey, *Tetrahedron Lett.* **2006**, *47*, 2083-2086.
[48] K. Hattori, T. Yoshida, K.-I. Rikuta, T. Miyakoshi, *Chem. Lett.* **1994**, 1185-1888.
[49] T. Utsukihara, H. Nakamura, M. Watanabe, C. Akira Horiuchi, *Tetrahedron Letters* **2006**, *47*, 9359-9364.
[50] J. J. Poza, J. Rodríguez, C. Jiménez, *Bioorg. Med. Chem.* **2010**, *18*, 58-63.
[51] M. Kirihara, Y. Ochiai, S. Takizawa, H. Takahata, H. Nemoto, *Chem. Commun.* **1999**, 1387-1388.
[52] A. Ozanne, L. Pouységu, D. Depernet, B. Francois, S. Quideau, *Org. Lett.* **2003**, *5*, 2903-2906.
[53] W.-W. Qiu, Q. Shen, F. Yang, B. Wang, H. Zou, J.-Y. Li, J. Li, J. Tang, *Bioorg. Med. Chem. Lett.* **2009**, *19*, 6618-6622.
[54] S. P. Ivonin, A. V. Lapandin, *Organic Chemistry in Ukraine* **2005**, *viii*, 4-9.
[55] J. J. Dunsford, D. S. Tromp, K. J. Cavell, C. J. Elsevier, B. M. Kariuki, *Dalton Trans.* **2013**, *42*, 7318-7329.
[56] S. Agarwal, C. Schroeder, G. Schlechtingen, T. Braxmeier, G. Jennings, H.-J. Knölker, *Bioorg. Med. Chem. Lett.* **2013**, *23*, 5165-5169.
[57] E. W. Sugandhi, C. Slebodnick, J. O. Falkinham, R. D. Gandour, *Steroids* **2007**, *72*, 615-626.
[58] M. C. Perry, C. Cui, M. T. Powell, D.-R. Hou, J. H. Reibenspies, K. Burgess, *J. Am. Chem. Soc.* **2003**, *125*, 113-123.
[59] X. Li, J. Sun, Q. Luo, Y. Lu, C. Xu, Q. Zhu, X. Lin, *ionic liquid and its preparing process and use*, CN101215262(A), 05 Jan 2007.
[60] D. G. Dervichian, *J. Chem. Phys.* **1939**, *7*, 931-948.
[61] K. Arumugam, M. Anitha, *Rasayan J. Chem.* **2013**, *6*, 230-237.
[62] X. Bantreil, S. P. Nolan, *Nature Protocols* **2010**, *6*, 69-77.
[63] B. R. Dible, R. E. Cowley, P. L. Holland, *Organometallics* **2011**, *30*, 5123-5132.
[64] F. Izquierdo, S. Manzini, S. P. Nolan, *Chem. Commun.* **2014**, *50*, 14926-14937.
[65] X.-F. Huang, D.-W. Fu, R.-G. Xiong, *Cryst. Growth Des.* **2008**, *8*, 1795-1797.
[66] J. Kulhánek, F. Bureš, P. Šimon, W. Bernd Schweizer, *Tetrahedron: Asymmetry* **2008**, *19*, 2462-2469.
[67] A. Sharmin, L. Salassa, E. Rosenberg, J. B. A. Ross, G. Abbott, L. Black, M. Terwilliger, R. Brooks, *Inorg. Chem.* **2013**, *52*, 10835-10845.
[68] a) C. Baleizão, B. Gigante, H. Garcia, A. Corma, *Tetrahedron Lett.* **2003**, *44*, 6813-6816; b) D. Kim, Y. Kim, J. Cho, *Chem. Mater.* **2013**, *25*, 3834-3843.

[69]   L. Meng, L. Niu, L. Li, Q. Lu, Z. Fei, P. J. Dyson, *Chem. Eur. J.* **2012**, *18*, 13314-13319.

[70]   L. E. Marbella, J. E. Millstone, *Chem. Mater.* **2015**, *27*, 2721-2739.

[71]   R. H. Crabtree, *Chem. Rev.* **2012**, *112*, 1536-1554.

[72]   C. M. Hagen, J. A. Widegren, P. M. Maitlis, R. G. Finke, *J. Am. Chem. Soc.* **2005**, *127*, 4423-5532.

[73]   R. Ferrando, J. Jellinek, R. L. Johnston, *Chem. Rev.* **2008**, *108*.

[74]   A. P. Davis, S. Dresen, L. J. Lawless, *Tetrahedron Lett.* **1997**, *38*, 4305-4308.

[75]   F.-S. Liu, H.-B. Hu, Y. Xu, L.-H. Guo, S.-B. Zai, K.-M. Song, H.-Y. Gao, L. Zhang, F.-M. Zhu, Q. Wu, *Macromolecules* **2009**, *42*, 7789-7796.

[76]   J. D. White, D. J. Wardrop, K. F. Sundermann, *Org. Synth.* **2002**, *79*, 125-126.

[77]   M. Jessing, M. Brandt, K. J. Jensen, J. B. Christensen, U. Boas, *J. Org. Chem.* **2006**, *71*, 6734-6741.

[78]   C. Eric, K. Biyani, S. Hecker, L. Inez, P. Mansky, Y. Q. Mu, F. Salaymeh, H. Zhang, D. Bergbreiter, G. Quaker, M. J. Cope, S. J. Elizabeth, A. T. Lee, M. Deidre, J. Shao, X. Xinnan, *Crosslinked amine polymers for use as bile acid sequestrants*, PCT Int. Appl., 2011106548, 01 Sep 2011.

[79]   Y. Kim, T. Park, S. Woo, H. Lee, Y. Kim, J. Cho, D. Jung, S. Kim, H. Kwon, K. Oh, Y. Chung, Y.-H. Park, *Protein-active Agent Conjugates and Method for Preparing the Same*, PCT Int. Appl. 2012153193, 15 Nov 2012.

[80]   M. Kirihara, Y. Asai, S. Ogawa, T. Noguchi, A. Hatano, Y. Hirai, *Synthesis* **2007**, 3286-3289.

6 Abkürzungsverzeichnis

°C	Grad Celsius	DLS	dynamische Lichtstreuung
%	Prozent	DMF	N,N-Dimethylformamid
%V$_{bur}$	*buried volume*	DMPU	Dimethylpropylenharnstoff
%ww	Gewichtsprozent	DMSO	Dimethylsulfoxid
Å	Ångström	DMSO-d$_6$	Deuteriertes Dimethylsulfoxid
Å^2	Quadrat- Ångström	DPPC	Dipalmitoylphosphatidaylcholin
Ac$_2$O	Essigsäureanhydrid	E.coli	Escherichia coli
AgOTf	SIlbertriflat	EI	Elektronenstoßionisation
AK	Arbeitskreis	ESI-MS	Elektronenspraymassen-spektrometrie
Äquiv.	Äquivalente	EtOH	Ethanol
ATR-FTIR	*attenuated total reflection* Fourier-Transformations-Infra-rotspektrometer	eV	Elektronenvolt
bar	Bar	Fa.	Firma
Bn	Benzyl	g	Gramm
bs	breites Singulett	GC-FID	Gaschromatographie mit gekop-peltem Flammenionisation
bzw.	beziehungsweise	h	Stunde
CAAC	*cyclic alkyl amino carbene*	HCl$_{Dioxane}$	Salzsäure (in Dioxan)
CDCl$_3$	deuteriertes Chloroform	H$_2$O	Wasser
CD$_3$OD	deuteriertes Methanol	HOAc	Essigsäure
CH$_2$Cl$_2$	Dichlormethan	Hz	Hertz
CHN	CHN-Elementar-analyse	IMes	N,N-Bis(mesitylen)imidazolium-2-yliden
ClOPiv	Chlormethylpivalat	^{i}Pr$_2$-bimy	1,3-Diisopropylbenzimidazolin-2-yliden
cmc	*critical micelle concentration*	IPr	N,N-Bis(2,6-Diisopropylphenyl) imidazolium-2-yliden

d	Duplett	IR	Infrarot
dd	Duplett von Duplett	I^{t}Bu	N,N-Bis(*tert*-butyl)imidazolium-2-yliden
ddd	Dupplett von Dupplett von Duplett	J	Kopplungskonstante
Dipp	2,6-Diisopropylphenyl	kat.	katalytisch
K$_2$CO$_3$	Kaliumcarbonat	O$_2$	Sauerstoff
KHMDS	Kaliumhexamethyldisilazid	OTf	Trifluormethylsulfonat
KMnO$_4$	Kaliumpermanganat	P	Pentett
L	Liter	Pd-NP	Palladium-Nanopartikel
LDA	Lithiumdiisopropylamid	PEG	Polyethylenglykol
m	Multiplett	pFA	*para*-Formaldehyd
M	Molar	ppm	*parts per million*
Me	Methyl	q	Quartett
MeCN	Acetonitril	quant.	quantitativ
mg	Milligramm	R, R′	Rest
MeOH	Methanol	reflux.	refluxieren
min	Minute	R$_F$	Retentionsfaktor
mL	Milliliter	R$_t$	Retentionszeit
µL	Mikroliter	RT	Raumtemperatur
mM	Millimolar	s	Singulett
mm	Millimeter	S. aureas	Staphylococcus aureus
µm	Mikrometer	SDS	Natriumdodecylsulfat
mmol	Millimol	sept	Septett
mN	Millinewton	SIBX	Stabilisiertes Iodoxybenzoesäure
Mol-%	Molprozent	t	Triplett
m/z	Masse-zu-Ladungs-Verhältnis	TEM	Transmissionselektronenmikroskop
n	Stoffmenge	TEP	*Tolman's electronic parameter*
NaOH	Natronlauge	TFE	2,2,-Trifluorethanol
NaI	Natriumiodid	TGA	Thermogravimetrische Analyse

NHC	N-heterozyklische Carbene	THF	Tetrahydrofuran
NH₄OAc	Ammoniumacetat	TrxR	Thioredoxinreduktase
Nm	Nanometer	V	Volumen
NMI	1-Methylimidazol	VOCl₃	Vanadiumoxidtrichlorid
NMR	„Kernspinresonanz"	XPS	X-ray Photoelectron Spectroscopy
NP	Nanopartikel	ZnCl₂	Zinkchlorid

Danksagung

Zunächst möchte ich mich ganz herzlich bei Herrn Prof. Dr. Frank Glorius für die Aufnahme in seinen Arbeitskreis sowie die Unterstützung und Motivation während der Masterarbeit, die interessante Themenstellung und das mir entgegen gebrachte Vertrauen bedanken.

Herrn Prof. Dr. Bart-Jan Ravoo danke ich für die Übernahme des Zweitgutachtens.

Auch möchte ich den Mitarbeitern der Serviceabteilungen des Organisch-Chemischen Instituts der Westfälischen Wilhelms-Universität für die Durchführungen der Messungen sowie die hilfreiche Unterstützung bei Fragen oder Problemen danken.

Ein besonderer Dank gilt Andreas Rühling für die Begleitung während meiner Masterarbeit. Danke für deine sofortige Hilfsbereitschaft bei Fragen jeglicher Art, das Korrekturlesen meiner Arbeit sowie die spannende Zusammenarbeit.

Kira Schaepe und Da Wang möchte ich für die gute Kooperation sowie die Unterstützung bei der Auswertung der Daten danken.

Ich möchte auch Johannes Ernst und Karin Gottschalk für das Korrekturlesen meiner Arbeit danken.

Der ganzen Arbeitsgruppe Glorius danke ich für die aufregende Zeit in eurer Gruppe. Ich hatte durchgehend viel Spaß an meiner Arbeit durch die angenehme Atmosphäre und habe mich schnell sehr gut aufgenommen gefühlt. Auch für hilfreiche Diskussionen möchte ich mich gerne bedanken. Ich freue mich schon jetzt auf die weitere Zeit mit euch.

Außerdem möchte ich mich bei Halle 1 für die schöne Laborzeit bedanken. Das Arbeiten in eurer Gesellschaft hat mir sehr gefallen.

Vor allem aber möchte ich meiner Familie für die langjährige Unterstützung danken. Ohne euch wäre das Studium niemals möglich gewesen und ich genieße es sehr, an manchen Wochenenden mit euch vom Alltag abschalten zu können.

Meinen Münsteraner und Lingener Freunden danke ich für schöne Abende abseits der Chemie sowie ein allzeit offenes Ohr.

Zuletzt möchte ich mich auch bei meinem Freund Oli bedanken. Danke, dass du immer für mich da bist und mir somit manche Sorgen weniger groß vorkommen lässt, mich zum Lachen bringst und mich auf meinem Weg unterstützt.

Danke!

Printed in the United States
By Bookmasters